你不可不知的

NI BUKE BUZHI DE YUZHOU TANSUO BAIKE

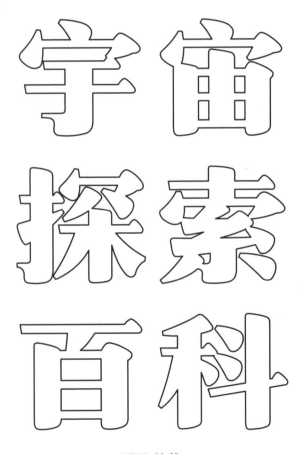

宇宙探索百科

禹田 编著

云南出版集团 晨光出版社

前 言
PREFACE

　　人类文明发展到今天，已经将古人很多天马行空的想象变为了现实。对于现代人来说，"一日千里"早已成为现实，因此人们戏称地球为"地球村"。实际上，在浩瀚的宇宙中，地球连"村庄"都称不上，俨然只是沧海一粟。从1961年4月12日，苏联航天员加加林飞上太空以来，人类对宇宙的探索更加深入，多个国家的航天员曾登陆月球，人类探测器也拜访过太阳系中大部分行星。

　　现在，我们知道太阳系内有八大行星，除水星、金星外，其他六大行星均有卫星，此外，土星、天王星、海王星都具有美丽的光环。太阳系之外，银河系之中，还有许多像太阳系那样的天体系统。

　　据统计，银河系内约有2000亿颗恒星。银河系之外，存在着数不胜数的河外星系，有的河外星系的外形与银河系异曲同工，有的则大相径庭……

　　科学技术的飞速发展，让我们对宇宙有了许多正确的认识和了解，然而今天我们所发现和探知的知识，只是整个宇宙的"冰山一角"。为了向大家展示人类探索宇宙的进程和成果，激发大家对宇宙的探索欲，我们精心编辑了本书。书中共分为我们的太阳系、总览宇宙和星空、人类探索宇宙三大章节，系统介绍了太阳系中的成员，宇宙演化、形成的权威假说，以及人类探索无穷宇宙的过程。相信通过阅读本书，你会对宇宙有一个科学的、崭新的认识。

目 录
CONTENTS

第二章
总览宇宙和星空

开阳 玉衡 天权 天枢

摇光

天玑 天璇

第三章
人类探索宇宙

V

第一章

我们的太阳系

以前，人们认为地球是整个宇宙的中心，
所有的星球都绕着地球转动。
直到 16 世纪中期，
天文学家哥白尼提出了"太阳中心说"，
人们才逐渐认识了太阳系。
现在，我们知道太阳系内所有的行星、
矮行星、小行星、卫星和彗星等天体都围绕着太阳转动。

认识太阳系

以前人们一直以为地球是宇宙的中心，宇宙中的天体[1]，包括太阳在内，都围绕地球运行。1543 年，波兰天文学家哥白尼公开发表了他的著作《天体运行论》。他在此书中提出了"太阳中心说"，指出地球和其他行星都绕太阳运行，而月球则绕地球运行。哥白尼虽然没有提到"太阳系"这个词，但其著作中却体现了太阳系的理论。

现在我们知道，在太阳系中，有八颗行星、上百颗已知的卫星、一些已经辨认出来的矮行星，还有无数颗小行星、彗星、流星和星际尘埃等。这些天体围绕着太阳高速运转，太阳是整个太阳系的中心，它用自己巨大的引力使这个系统内部的其他天体各就其位。

可是这些天体为什么要围绕太阳转动呢？根据牛顿的"万有引力定律"，我们了解到所有的物质都有引力，其中也包括各种星体。星体的质量越大，其具有的引力就越大。在太阳系中，太阳的质量是

---

1. 天体：是就宇宙间物质的存在形式而言的，是各种星体和星际物质的通称。

最大的，大约占了整个太阳系的 99.86%。就因为太阳的质量如此之大，才能使八大行星绕着它旋转，而不离开。例如，太阳对地球的引力可以达到 3.5×10^{22} 牛顿。

太阳系中的八大行星按照距太阳由近及远的顺序分别是：水星、金星、地球、火星、木星、土星、天王星、海王星。它们从太阳那里获得了光和热，离太阳较近的行星，表面温度高一些，离太阳较远的行星，表面温度低一些（大体如此）。

* 哥白尼是现代天文学
创始人，他的著作——
《天体运行论》是当代
天文学的起点，也是
现代科学的起点。

太阳系中的典型成员

太阳：它是太阳系中唯一的恒星，相对于太阳系内其他天体来说，它是静止的。它自身能发光发热，质量和体积比其他天体大得多。

行星：目前，大多数天文学家认为如果一个天体被定义为行星，那么它必须符合三个条件。首先，必须是围绕恒星运转的天体；其次，它的质量必须足够大，自身的吸引力必须和自转速度平衡使其呈圆球状；然后，它能够清除其轨道附近的其他天体。太阳系中有八大行星。

矮行星：2006 年 8 月 24 日国际天文联合会重新对太阳系内天体分类后新增加的一组天体，此定义仅适用于太阳系内。简单来说，矮行星是介于行星与小行星之间的一类天体，代表有冥王星、阅（xì）神星等。

小行星：指体积小，从地球上用肉眼看不到的小型天体，主要集中在火星和木星轨道之间的小行星带中，以及太阳系边缘的柯伊伯带中。

彗星：外形和结构比较特殊，它们出现时，背着太阳的一面常常会拖着一条扫帚状的长尾巴，体积很大，密度很小。

流星：分布在星际空间的细小物体和尘粒叫作流星体。它们飞入地球大气层，跟大气摩擦产生了光和热，最后被燃尽成为一束光，这种现象叫流星。

卫星：通常指环绕行星并按一定的轨道做周期性运动的物体，可指人造卫星和天然卫星，在这里我们说的是后者。在太阳系的八大行星中，只有水星和金星没有卫星，其他几大行星都有。

认识天文测量单位

在我们日常生活当中，有很多计量长度的单位，如米、分米、厘米等。可是天体之间的距离太过遥远，再用这些单位来表示就不实用了，书写时会很不方便，而且容易出现差错。这样，便产生了3种天文计量单位：天文单位、光年、秒差距。

天文单位：地球到太阳的平均距离为一个天文单位。地球绕太阳公转的轨道是椭圆形的，地球到太阳的距离因位置的变化而不同，它们之间的平均距离大约是1.496亿千米，也就是1天文单位。这个计量单位在天文学中经常使用，尤其是在测量太阳系内天体之间的距离时，使用率更高。

光年：指光在真空中传播一年的距离，是由时间和速度计算出的。光在真空中1秒钟可传播近30万千米，1年大约行进94607亿千米，这个长度就是1光年。它一般用来测量很远的距离，如太阳系到其他恒星的距离。

秒差距：这里所说的"秒"不是时间的秒，而是角度的秒，是一个非常非常小的角度。从某一天体向地球和太阳分别发出射线，两条射线之间会形成一个很小的角度（形成的三角形可视为直角三角形或等腰三角形），如果这个角度是1秒，那么这

个天体与地球的距离就是1秒差距。秒差距主要用于测量离得比较远的天体之间的距离，主要用于太阳系以外。

在天文学当中，秒差距是测量距离最大的单位，秒差距、光年和天文单位之间的换算方式为：1秒差距 = 3.26 光年 = 206265 天文单位。

太阳发热的奥秘

太阳表面的温度在 6000℃左右。炼钢炉里面的温度一般只有 1700℃，还不到太阳表面温度的 1/3。太阳表面的所有物质都是电离的等离子体，太阳中心的温度据推算在 1500 万℃以上。所以说太阳是个超大超高温的火球。太阳每秒钟散发出来的热量为 3.8×10^{26} 焦耳，相当于地球上每平方千米爆炸 180 个氢弹的能量。而我们地球只得到了太阳能量的 22 亿分之一，就可以造福苍生了。

太阳为什么会有这么高的温度呢？它的能量来自哪里呢？美国物理学家、天文学家贝蒂提出了太阳能源的正确理论，指出太阳能源来自太阳内部的热核聚变。太阳内部充满了氢原子，它们在高温高压下发生激烈的碰撞，其中较轻的氢原子核形成较重的氦原子核，同时释放出大量的能量。这个过程就是热核聚变。

8

太阳的分层结构

太阳从中心到边缘依次分为 4 个层次，它们分别为：核反应层、辐射层、对流层和太阳大气层。核反应层是发生热核反应的区域，也是太阳巨大能量的源泉。核心产生的能量通过辐射、对流的方式传到太阳的表面，也就是太阳大气中。太阳大气层是由 3 个层次构成的，包括光球层、色球层和日冕层。太阳大气层各个层次有各自不同的特点，也有不同的太阳活动[1]现象。

太阳大气层的最底层是光球层；中层是色球层，由光球层向外延伸形成；色球层的外层是日冕层，它是极端稀薄的气体壳，可以伸展到几个太阳半径那么远。上述分层都是人为划分的，实际上各层之间没有明显的界线，而温度、密度也是不断变化的。

---

1. 太阳活动：太阳大气层里一切活动现象的总称，主要有太阳黑子、光斑、谱斑、耀斑、日珥等。

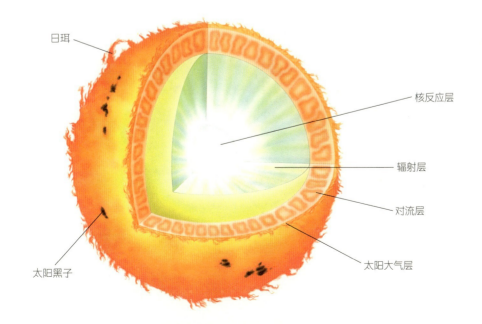

日珥

核反应层

辐射层

对流层

太阳黑子

太阳大气层

06

有趣的光球

光球就是我们实际看到的太阳圆面，它有一个比较清楚的圆周界线。通常我们所说的太阳表面的平均温度约6000℃，指的也是这一层。从位置上看，光球层位于太阳对流层之外，是太阳大气层中的最底层。它的厚度只有500千米左右，但极不透明，阻碍了人类对太阳内部的探索。

光球的表面是气态的，其平均密度只有水的几亿分之一。这一层并不光滑，而是密密麻麻地布满了极不稳定的斑斑点点，用望远镜可以清楚地看到它们，很像一颗颗米粒，被称为"米粒组织"。它们的温度要比光球的平均温度高出300℃～400℃，每个"米粒"的直径大约在1000千米左右。

米粒组织是太阳上气体对流掀起的气浪，因此极不稳定，一般只能持续某一状态 5~10 分钟。这些气浪上升到一定的高度时，很快就会变冷，然后立即沿着上升热气流之间的空隙下降，取而代之的是新生成的米粒组织。新老"米粒"之间这种连续的现象，有点像沸腾的锅里不断上下翻腾的热气泡。

在光球上，除了有趣的米粒组织外，还分布着太阳黑子和光斑，偶尔还会出现白光耀斑。许多光斑与太阳黑子相伴而出，常常环绕在太阳黑子周围"表演"。少部分光斑与太阳黑子无关，面积比较小。光斑平均寿命约 15 天，较大的光斑寿命可达 3 个月。

* 我们可以清晰地看到下图中
  太阳表面的米粒组织。

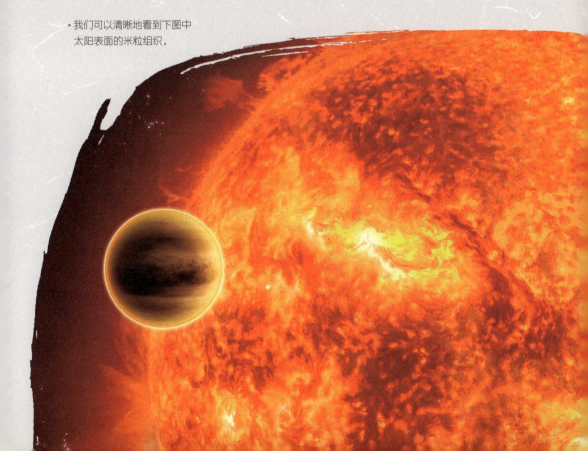

太阳黑子 太阳的『斑点』——

科学家们通过观测发现，太阳的光球层常常会出现一些黑色的"斑点"。这些"斑点"实际上是太阳表面气体的旋涡，从地球上看像是太阳表面上的黑斑，所以叫"太阳黑子"。太阳表面的温度约6000℃，黑子的温度在4000℃左右，比周围低了一两千摄氏度，因此看起来比较暗。

太阳黑子是太阳活动中最基本、最明显的活动现象，早在几千年前，天文学家就已经观测到它们了。太阳黑子的形成与太阳磁场有密切的关系，但它们到底是如何形成的，目前天文学家还没有找到确切的答案。

黑子是由本影和半影构成的，本影就是特别黑的部分，半影不太黑，是由许多纤维状纹理组成的。黑子很少单独行动，常常成群结队地出现。当大黑子群具有旋涡结构时，就表明太阳上将会发生剧烈的变化。每年，黑子活动的剧烈程度是有强弱之分的，如果是黑子活动极为剧烈、黑子数达到极大的一年，则称

* 剧烈的太阳黑子活动会影响收听短波频段的节目。

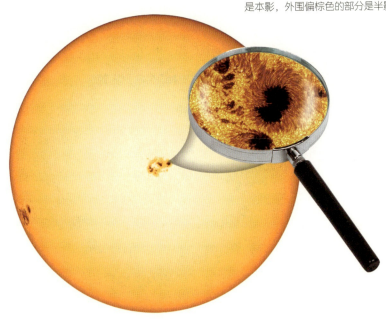

这一年为"太阳活动极大年"或"太阳活动峰年"；如果这一年黑子数极小，这一年则是"太阳活动极小年"或"太阳活动谷年"。

　　黑子的活动是有周期变化的，这个周期为11.2年。在每个周期开始的4年左右的时间里，黑子不断产生，越来越多，达到极致。在随后的7年左右的时间里，黑子活动逐渐减弱，黑子数量也越来越少，达到太阳活动极小年，同时是下一个周期的开始。太阳活动极大年会发出高能带电粒子，会对地球产生一些危害，届时会影响地球上的短波无线电通信。

色球上的太阳活动

色球层厚约 2000 千米，密度比光球层稀薄，温度由内向外骤升，从几千摄氏度飙升到几万摄氏度。平时，我们用肉眼根本看不到它，只有发生日全食时，才能在日轮的边缘看到一丝纤细的红光，那就是色球的光辉。

色球上有许多针状物，就像跳动在太阳表面的小火苗，叫作日针。它们不断产生与消失，寿命一般只有 10 分钟。色球上还经常会出现一些暗的"飘带"，我们称之为"暗条"。当它转到日面边缘时，有时像一只耳朵，人们俗称它为"日珥"。日珥的形态千变万化，可分为宁静日珥、活动日珥和爆发日珥。

色球上还有些局部明亮的区域，我们称为"谱斑"。有人认为它是光球上的光斑到达色球的产物。有时谱斑亮度会突然增强，这就是我们通常说的"耀斑"。耀斑是太阳上最为强烈的活动，一般认为它出现在太阳的色球层，因此也叫它"色球爆发"。

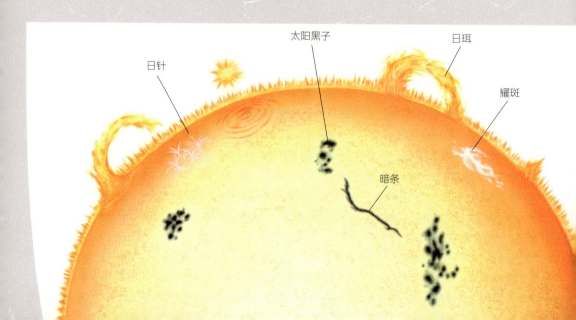

太阳黑子

日珥

耀斑

日针

暗条

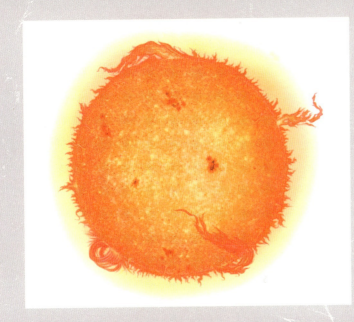

* 日珥在太阳南、北两半球不同纬度处都可能出现，但在每一半球都主要集中于两个纬度区域，即以低纬度区域为主。

耀斑多出现在黑子区的上空，特别是在太阳活动峰年，耀斑出现频繁且强度变强。

耀斑出现的时间大都很短，每次为几分钟，最长可达几十分钟。从表面看，耀斑只是一个个亮点，实际上它一旦出现就是一次惊天动地的大爆发。它每次释放的能量都极大，最大有 10^{25} 焦耳，相当于上百亿颗巨型氢弹同时爆炸释放的能量！耀斑出现时还伴有许多辐射，如紫外线、X 射线、γ 射线、红外线、射电辐射，还有冲击波和高能粒子流，甚至还有能量极高的宇宙射线[1]。

耀斑爆发时，发出大量的高能粒子到达地球轨道附近时，会严重破坏无线电通信，尤其是短波通信，电视台、电台广播会受到干扰甚至中断。2003 年 10 月 31 日，强烈的耀斑使中国的短波通信受到严重影响。上午 9 时 30 分，北京电波观测点短波讯号完全中断，10 时 40 分左右才恢复，但信号仍比较微弱。一直到 12 时，短波信号才全部恢复正常。

---

1. 宇宙射线：由微观粒子，主要是质子（氢原子核），其次是 α 粒子（氦原子核），还有少量其他各种原子核，以及电子、中微子和高能光子（X 射线和 γ 射线）构成的射流。

太阳大气的最外层——日冕

在日全食的短暂瞬间，常常可以看到，在太阳周围除了绚丽的色球外，还有一大片白里透蓝、柔和美丽的晕光，这就是太阳大气的最外层——日冕。日冕的温度极高，最高可以达到100万℃。日冕层的大小、形状很不稳定，与太阳黑子的活动密切相关。在太阳黑子活动剧烈的年份，日冕呈圆形，向外伸展得很远；在太阳黑子活动较弱的年份，日冕就会变成扁圆形。

日冕里的物质非常稀薄，会向外膨胀运动，并使得热电离气体粒子连续从太阳向外流出而形成太阳风。太阳风不仅不凉快，反而温度极高，如果没有地球磁场的保护，它会对地球上的生命造成致命的威胁！

因为太阳风是一种等离子体，所以它也有磁场，太阳风磁场对地球磁场施加作用，好像要把地球磁场从地球上吹走似的。尽管这样，地球磁场仍有效地阻止了太阳风的长驱直入。在地球磁场的反抗下，太阳风绕过地球磁场，继续向前运动，于是形成了一个被太阳风包围的地球磁场区域，这就是磁层。当太阳风吹到地球地磁极（在南北极附近）的时候，就会沿着磁场沉降，进入地球的两极地区，轰击那里的高层大气，激发其中的原子与分子，从而产生美丽的极光。在地球南极地区形成的叫南极光，在北极地区形成的叫北极光。

太阳风的增强会严重干扰地球上无线电通信及航天设备的正常工作，使卫星上的精密电子仪器遭受损害，地面电力控制网络发生混乱，甚至可能对航天飞机和空间站中航天员的生命构成威胁。因此，准确预报太阳风的强度对航天工作极为重要。

* 太阳风有两种：一种持续不断地辐射出来，速度较小，粒子含量也较少，被称为"持续太阳风"；另一种在太阳活动时辐射出来，速度较大，粒子含量也较多，叫作"扰动太阳风"。扰动太阳风会对地球产生较大的影响，当它抵达地球时，往往会引起很大的磁暴与强烈的极光。

神秘又奇特的日食现象

当月球运动到地球和太阳中间时，太阳光被月球挡住，不能射到地球上来，这种现象就叫"日食"。太阳全部被月球挡住时叫"日全食"，部分被挡住时叫"日偏食"，中间部分被挡住时叫"日环食"。当日轮的西边缘与月球的东边缘相切时，日食刚开始叫"初亏"；月球的东圆面与日轮的东边缘相内切时叫"食既"；日月两圆面中心最接近时叫"食甚"，是日食的最高峰；两圆再次内切是"生光"；最后日月两圆再次外切时叫"复圆"，日食结束。

发生日食时，在月球即将把日轮全部掩住，或是月球即将离开日轮的瞬间，月球的边缘就会有一个或几个山谷和凹地成为月轮的缺口，太阳光穿过

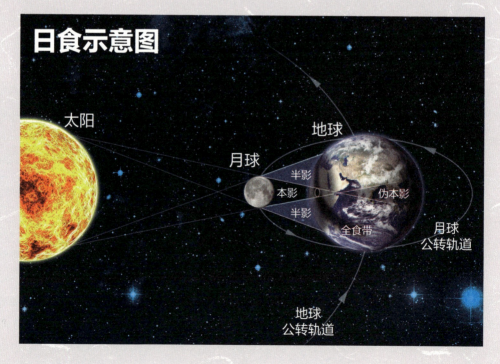

日食示意图

太阳　月球　地球　半影　本影　半影　伪本影　全食带　月球公转轨道　地球公转轨道

缺口射向地球，会形成一个或一串发光的亮点。因为这种现象是由英国天文学家贝利解释的，所以被后人称为"贝利珠"。

观测日食时千万不要直接用肉眼直视，因为太阳本身会释放出强烈的可见光，即便在太阳只有部分亏缺时，阳光依然会很刺眼。观测时必须考虑有效的减光对策，你可以使用专门的滤光片或日食观测眼镜，也可以采用以下几种方法进行观测。

第一种方法：找一个盆，里面盛满水，再放些墨汁，发生日食的时候从盆里看太阳的倒影。这是一种最简单易行的方法。

第二种方法：找块玻璃板，用点燃的蜡烛把它熏黑，发生日食的时候隔着这块熏黑了的玻璃板看太阳。

第三种方法：找几张废旧的照相底片，把它们重叠起来，日食的时候隔着这些底片看太阳。这种方法可以根据太阳光的强弱随时增减底片张数，还可以装在自己制作的眼镜框上，使用起来很方便。

第四种方法：用望远镜进行观测，但不要直接通过望远镜看太阳，否则会灼伤眼睛。可以事先找几张照相底片，剪成合适的形状装在物镜的前面，要注意装牢，防止移动望远镜的时候底片滑落。

离太阳最近的水星

水星的半径约为 2440 千米，是地球半径的 38.2%，18 个水星合并起来才相当于一个地球的大小。水星的质量很轻，约是地球质量的 5.58%。在八大行星中，除地球外，水星的密度最大。因此，大部分天文学家推测水星的外壳是由硅酸盐构成的，中心有一个很大的内核。他们还推测这个核的主要成分是铁、镍和硅酸盐。

水星是离太阳最近的一颗行星，在太阳的烘烤下，它表面的温度最高超过 400℃，但是背向太阳那面的温度却很低，最低为 -173℃。它虽然叫水星，但上面并不存在水，这个名字有点名不副实。水星绕太阳转一圈的时间是八大行星中最短的，只有 88 天（按照地球的天数算），也就是说，在水星上过 88 天就是 1 年了。水星自转的速度比较慢，水星上的1天相当于地球上的59天。

盆地是水星上最重要的地貌特征之一。水星上最大的盆地叫卡路里盆地，直径约1545千米。它是太阳系最大的撞击陨石坑之一，可能是在38亿年前，太空陨石撞击水星时形成的。科学家通过宇宙飞船发回的图像发现，卡路里盆地西南边缘上的一座火山，呈现出与周围截然不同的橙色，它可能是这个盆地内部的火山岩的发源地。除了盆地外，水星的表面还满布了环形山、大平原、辐射纹和断崖。据统计，水星上的环形山有上千个，坡度相对比较平缓。

在八大行星中，水星离我们地球不算远，但是我们在地球上却很难观测到它。这是因为水星距离太阳太近，经常被淹没在耀眼的阳光之中而不得见。即使在最适宜观察的条件下，也只有在日落之后或日出之前很短的时间里才能看到它。当水星运行到太阳和地球之间时，我们在太阳圆面上会看到一个小黑点穿过，这种现象叫作水星凌日。不过，我们用肉眼是看不到水星凌日的，只能通过望远镜进行投影观测。

*每年5月8日前后，地球经过水星轨道的降交点，每年11月
 10日前后又经过水星轨道的升交点。所以，水星凌日只能发生
 在这两个日期的前后。

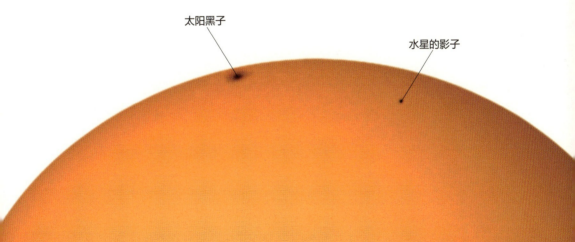

太阳黑子

水星的影子

12 最亮的一员
八大行星中

除了太阳和月亮，天空中能够用肉眼看到的最亮的天体是金星。金星最亮的时候，比著名的亮星——天狼星还亮约 14 倍。白天它不会被阳光完全淹没，夜晚还能把人和物体照出影子。

金星在不同的国家和地区有着不同的名字。中国古代把金星称为"太白金星"。现在，我们把太阳升起之前就出现在东方的金星称为"启明星"，表示距天明不远；把傍晚时候低垂在西边地平线上的金星称为"长庚星"，预示着漫漫长夜即将到来。古罗马人把金星想象成爱与美的女神的化身，把它叫作维纳斯。

金星的自转很特别，自转方向与大多数行星相反，是自东向西转的，人们称之为"逆向自转"。因此，从金星上看太阳是从西边升起，从东边落下的。金星自转得非常慢，它自转一周相当于地球上的 243 天。金星绕太阳公转的轨道是一个较圆的椭圆形，其公转速度约为每秒 35 千米，公转周期约为 224.7 天（按照地球的天数算），比它自转一周的时间稍短一些。

　　当金星运行到太阳和地球之间时，我们可以看到在太阳表面有一个小黑点慢慢穿过，这种天象叫作金星凌日。我们用肉眼也许能看到金星凌日，但效果肯定不好。如果我们用天文望远镜在天气条件好的情况下观看，可以看到由金星大气折射成的光圈。如果当天日面上黑子较多，还可能出现金星掩太阳黑子的现象，蔚为壮观、奇妙。

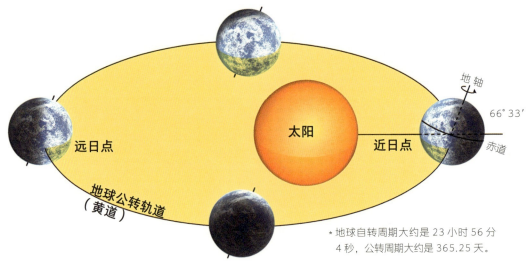

远日点

太阳

近日点

地轴

66°33′

赤道

地球公转轨道
（黄道）

*地球自转周期大约是 23 小时 56 分 4 秒，公转周期大约是 365.25 天。

13

我们的家园——地球

　　地球是个不规则的球体，上部偏尖，底部略扁，看上去有点像橘子。地球本身绕着一根看不见的轴自转，我们称这根轴为"地轴"。地轴的北端，也就是北半球的顶点，叫作北极；地轴的南端，也就是南半球的顶点，叫作南极。环绕地球表面与南北两极距离相等的圆周线，叫作赤道。赤道所在的平面与地轴是垂直的。地球的平均半径约为 6371 千米。

　　地球自转的方向是自西向东的，所以我们从地球上看太阳就是东升西落。地球在自转的同时，也沿着一个看不见的轨道绕着太阳公转，它的自转轴与公转轴轨道平面（黄道面）的交角为 66°33′，因此看上去地球是歪着身子绕太阳公转的。

　　地球的表面积大约为 5.1 亿平方千米，其中 70.8% 被辽阔的海洋所覆盖，因此从太空看地球，它是一个蔚蓝色的"水球"。这个"水球"的外围覆盖了一层厚厚的大气，主要成分是氮气和氧气。按照含量来划分，氮占78%，氧占21%，其余1%是氩、二氧化碳、氖、氦等气体。正是由于水和大气的存在，地球上才郁郁葱葱，到处生机盎然，成为一颗不平凡的拥有生命的星球。

地球的内部可分为三个层次，最外面的一层是地壳，主要由岩石组成，上面分布着海洋、高山、平原、盆地等。地壳的平均厚度为18千米，海洋地区薄一些，高山地区厚一些。中间的一层叫地幔，是从地壳向下到2900千米深的地方，主要由含铁和镁的硅酸盐类组成。地幔的下面是地核，这是地球的中心部分。地核可以分为外核和内核两部分：外核厚约2213千米，呈液态，由液态镍铁组成；内核厚约1300千米，呈固态，由固态镍铁组成。

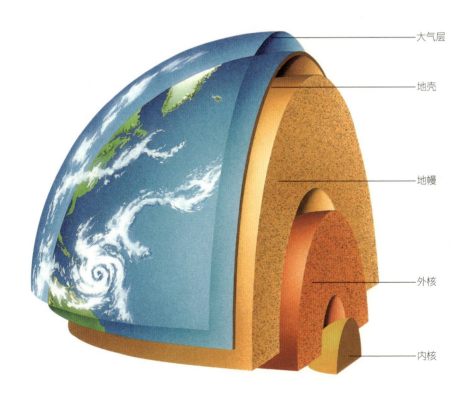

大气层

地壳

地幔

外核

内核

地球的忠实跟随者——月球

月球俗称月亮，是地球唯一的天然卫星，也是离地球最近的天体，与地球相距约 38 万千米。平时我们见到的月亮感觉和太阳差不多大，但实际上月亮比太阳小得多。月球的半径是 1738 千米，是地球的 27.28%，而太阳的半径是地球的 109 倍，那么太阳就有 6400 万个月亮那么大。

月球围绕着地球运行的轨道叫作白道。白道和黄道（地球绕太阳运行的轨道）之间有 5° 多的夹角。月球绕地球转一周需 27 天 7 小时 43 分 11.47 秒，这一周期叫作恒星月。月球除了绕地球公转外，本身还在自转。月球自转的周期是 27 天 7 小时 43 分 11.559 秒，几乎等于它绕地球公转的周期。因此，我们从地球上只能看见月亮的一面，而且始终是这一面，占月面的 59% 左右。

　　月球绕地球公转时，会对地球产生潮汐[1]引力，导致地球上的海水出现涨落变化。同样的，地球也会对月球产生潮汐引力，两者相互作用。这两种潮汐的摩擦，正在使地球自转速度减慢，引起地球变形，质量分布发生变化。与此同时，月球绕地球公转的速度加快，离心力增大迫使月球逐渐螺旋式地远离地球，进入越来越大的轨道。

　　目前，科学家已经证实月球正以每年 3.8 厘米的速度远离地球。一些科学家认为，这样的情况会一直持续下去，直到地球也始终以同一面朝向月球为止。如果真有那一天，地球上一天的时间将会特别长，大概相当于现在的 40 多天。

---

1. 潮汐：因月球和太阳对地球各处引力不同所引起的水位、地壳、大气的周期性升降现象。海洋水面发生周期性的涨落现象称为海潮，地壳的相应现象称为陆潮（又称固体潮），而大气的相应现象则称为气潮。

15
月亮的阴晴圆缺

在地球上，我们可以看见月亮有月牙、半月和满月这些不同的形状。月亮这种盈亏圆缺的变化，在天文学上叫作月相变化。月亮为什么会有这种变化呢？

月亮本身不发光，只有靠反射太阳光才发亮。也就是说，它被太阳照射到的部分是明亮的，太阳照不到的部分则是黑暗的。月球绕地球运动，使太阳、地球、月球三者的相对位置在一个月中有规律地变动着。这种变动使月亮明亮的部分有时正对着地球，有时侧对着地球，有时背对着地球，这样我们在地球上看到的月亮就出现了圆缺的变化。

农历每个月的初一左右，月球运行到了地球与太阳之间，光亮的一面正好背对着地球，我们看不到它。这时的月相叫"新月"或"朔"。新月过后，月亮渐渐从地球与太阳中间运行出来，我们能看见一个弯弯的月牙，这时的月相叫"蛾眉月"。到了农历初八左右，随着月亮与太阳位置的变化，我们能够看到像英文字母"D"一样的半月，这种月相叫"上弦月"。此后，月亮一天天圆润起来，这时叫"凸月"。到了农历十五左右，月亮光亮的部分完全对着地球，我们看到的便是圆圆的月亮。这时的月相叫"满月"或"望月"。

满月之后，月亮因与太阳位置的变化，逐渐"消瘦"起来，经过凸月、下弦月、残月后，又重新回到新月的位置。月亮经过这样一个周期的变化，就是一个"朔望月"，时间是29天12小时44分2.8秒。中国农历的天数就是根据朔望月制定的。其实，满月之前的蛾眉月、上弦月、凸月和满月之后的凸月、下弦月、残月是两相对应的，它们两两的形状差不多，只是圆缺的位置发生了变化。

* 月相是天文学中对于地球上看到的月球被太阳照明部分的称呼。
下图正是一个朔望月中，各个时段的月相。

满月

下弦月　　　　　　　　　　　上弦月

残月　　新月　　蛾眉月

16 月食出现的原因

月食是一种奇妙的自然现象。当地球运行到月球和太阳之间时，太阳光正好被地球挡住，不能照射到月球上去，月球上就会出现黑影，这种现象就是"月食"。太阳光全部被地球挡住时，叫作月全食；部分被地球挡住时，叫月偏食。月食发生时，地球背对着太阳的一面（处于夜间那面）上的居民都能看到这种现象。月食过程的时间比日食要长，单月全食阶段就可长达1小时。

月食都是从月球的东边开始的，月全食的全过程可分为初亏、食既、食甚、生光、复圆5个阶段。

初亏：月球与地球本影第一次外切，标志月食开始。

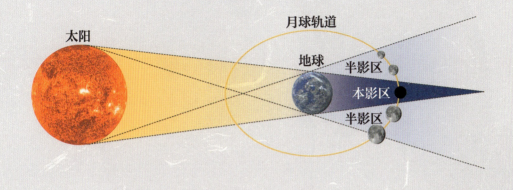

食既：月球的西边缘与地球本影的西边缘内切，月球刚好全部进入地球本影内，月全食开始。

食甚：月球的中心与地球本影的中心最接近，月全食到达高峰。

生光：月球东边缘与地球本影东边缘相内切，这时全食阶段结束。

复圆：月球的西边缘与地球本影东边缘相外切，这时月食全过程结束。

由于白道和黄道有一个角度，因此月球并不是每个月都会转到地球的影子中，不可能月月都出现月食现象。月食出现的时间是不定的，一年大约会发生一两次。如果第一次月食是在1月份，那么这一年就有可能发生3次月食。有时一年一次月食都没有，而且这种情况常有，大约每隔5年，就有一年没有月食。

很多人都见过日环食，却没有听说过月环食。月环食是根本不可能发生的，因为地球的直径是月球的4倍，即便是在月球的轨道上，地球本影的直径仍是月球的2.5倍。地球的影子完全挡住了阳光，所以就不可能有月环食了。

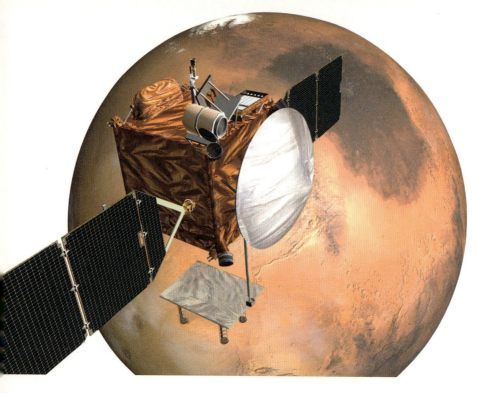

最像地球的行星

从离太阳最近的一颗行星数起，第四颗行星是火星，它距太阳约 2.28 亿千米。这颗神秘的"红星"是地球的近邻，当它距地球最近时，我们能够看见火星的整个亮面。火星 24 小时 39 分 35 秒自转一周，它的一天只比地球长 40 多分钟。火星 687 天绕太阳运转一周，其一年几乎等于地球的两年。它的直径是地球的 1/2，质量为地球的 1/10。

火星有许多地方与地球相似：它也像地球那样歪着身子绕太阳转动，因此和地球一样有着四季的变化；它的内部结构和地球也极为相似，同样拥有核、幔、壳的结构。火星距太阳比地球远些，接收到的太阳能只有地球的 43%，在它的赤道上最高温度也不会超过 20℃，冬天则为 -80℃ 左右。在火星的两极最低温度能够达到 -140℃。

火星是唯一能用望远镜看得很清楚的类地行

星。通过望远镜，我们看到的火星像个橙红色的球。随着季节的变化，火星南北两极会出现极冠[1]，表面上还会呈现出一些明暗交替、时而改变形状的区域。空间探测显示，火星上至今仍保留着大洪水冲刷的痕迹。科学家推测，火星过去比现在更温暖潮湿。

　　火星表面的地域有 3 种类型：环形山地域，是年龄至少为几十亿年的古老地域；混杂地域，山脊和凹地等并存的地域，基本上没有新形成的环形山；无结构地域，火星表面被铁的氧化物所覆盖，故呈红色。现在，科学家通过火星探测器传回来的数据，已经确认火星上有水冰，水是生命起源的主要因素。火星上有水，这一点同地球也极为相似，因此天文学家们都对火星表现出浓厚的兴趣。

---

1. 极冠：火星两极地区的白色覆盖物，是火星表面上最显著的标志。

* "勇气号"火星车拍摄到的火星表面。

18

火星上猛烈的风暴

火星也有大气存在，主要成分是二氧化碳，还含有少量的氮气、氩气、氧气等。火星上会不时刮起大风暴，风速大到难以想象。经风一吹，尘埃漫天飞扬，形成了浓密的云层。

大风暴是火星大气中独有的现象，这种笼罩整个星球的尘暴，几乎在每个火星年里都要发生一次，而且是发生在火星运行到轨道近日点前后。地球上也有大台风，但无法与火星风暴相比：地球台风的风速是每秒60多米，而火星上大风暴的风速每秒可达180米。科学家们认为，这是因为太阳对火星表面的加热作用比较大，热空气上升，尘埃扬起，导致风暴形成。

像土豆一样的卫星

1877 年 8 月，美国天文学家阿萨夫·霍尔趁着火星冲日的好机会，对火星进行了仔细的观察。终于，他连续发现了两颗火星卫星，并分别命名为福博斯（火卫一）和德莫斯（火卫二）。

火卫一位于火星赤道正上方，到火星中心的距离为 9450 千米，它绕火星旋转的轨道很特别，运动的方向与火星自转和公转的方向一致，都是自西向东的。如果在火星上观看火卫一，就会看到它西升东落的奇观。2008 年 4 月，美国的探测器发回了火卫一表面高清的 3D 照片，从照片上可以看到它的表面伤痕累累，布满了斑斑点点，就像一颗大土豆。科学家推测，这些"伤痕"可能是由跟火星相撞的陨石产生的大量碎石造成的。

*科学家在给卫星命名时，除了起一些正式的名字外，还会按照它们距行星由近及远的顺序，取名为 × 卫一、× 卫二……以此类推，但也有些是按照发现的先后顺序命名的。

太阳系中最大的行星

　　木星是距离太阳第五近的行星，也是太阳系中最大的行星。它的质量是地球的 318 倍，赤道半径约为 71400 千米，约是地球半径的 11 倍。它的体积约为地球的 1316 倍，比其他七大行星体积的总和还要大，质量是其他七大行星总和的 2.5 倍。木星距离太阳 5.2 天文单位，即相距约 7.78 亿千米。

　　木星虽然体积庞大，但因距离太阳较远，所以看上去还不如金星明亮。也正因为远离太阳，它的表面温度比地球低很多，"先驱者 11 号"宇宙飞船测得它表面某处的温度仅为 -150℃。木星绕太阳公转一圈需要 11.86 地球年，几乎每年地球都有机会位于木星和太阳之间。在这样的时间段里，太阳落山时，木星正好升起，所以我们整夜都能看到它。

　　木星自转很快，自转一周只需 9 小时 50 分 30 秒。飞快的旋转速度使它的两极方向非常扁平，因此它的外形看起来有点像被压扁的球体。木星外面裹着一层厚达 12 万千米左右的大气层。木星快速的自转也带动大气层顶端的云层以 35400 千米 / 小时的速度旋转，这种高速度产生的离心力把云层拉成线丝，从而使木星云层在赤道上空高高隆起。

　　木星圆面上有许多带状纹，每条带状纹都与木星的赤道平行。这些带状纹是木星的大气环流。气体中亮的部分叫作带，是气体上升的区域；暗的部分叫作条纹，是气体下降的区域。

　　在木星赤道南侧的上空，有一块引人注目的大红斑。这个明显的标志自 1665 年发现以来，一直没有消失过，只是明暗、形状经常会发生变化。大部分天文学家认为，它可能是一个巨大的气体旋涡。

* 木星表面的展开图。大家可以更直观地看到木星表面的斑点和条纹。

木卫一 艾奥　　　　木卫二 欧罗巴　　　　　木卫三 加尼米德　　　　　木卫四 卡利斯托

21 细数木星的卫星

1609 年，伽利略发明了天文望远镜，并用来观测天体。1610 年 1 月 7 日，伽利略发现了木星的 4 颗卫星。为了纪念伽利略，人们把这 4 颗卫星——木卫一、木卫二、木卫三和木卫四命名为"伽利略卫星"。目前，科学家确认的木星卫星已经达到 79 颗，也许未来还会有新的发现。

在木星众多的卫星中，只有这 4 颗"伽利略卫星"的个头较大，有的和月球差不多，照理说，它们应该和月球的表面状态相似，但实际情况完全不同。其中，木卫一离木星最近，它到木星的距离只有 11.6 万千米，还不及木星的直径。在木星巨大引力的扰动下，它内部的热能源源不断地从核心喷出，形成火山，喷出的液体和气体高达 450 千米，比地球上的火山喷发得还强烈。火山的岩浆多次覆盖了这颗星球的表面，从现在的情形看，火山依然在猛烈地喷发。

木卫二是伽利略卫星中最小的一颗，半径约为 1570 千米。木卫二的表面全都是冰，光滑的表面反射太阳光的能力非常强，它是伽利略卫星中最亮的一颗，在木星冲日时它的亮度可达 5.57 等，人们用肉眼就可以看见它。木卫二的表面覆盖着厚厚的冰层，冰层不断挤撞着，科学家认为这可能是冰层下面海水涌动的结果。

木卫三是太阳系中已知最大的卫星，它的半径是 2631 千米，平均密度是 1950 千克 / 立方米。科学家推断它的表面是由冰和岩石组成的，壳层下是一层冰幔，中心是铁质的核。它最特别之处是有磁场。磁场是行星的主要特征之一，卫星有磁场可是非常少见的。

木卫四是伽利略卫星中，距离木星最远的。它比水星稍小些，但质量只有水星的 1/3。木卫四的表面都是环形山，地表构造十分古老。一些科学家认为这颗卫星没有完整的内部结构，主要由岩石、铁和冰"混合"而成。

* 木星和它的 4 颗"伽利略卫星"。

22

太阳系中最美丽的行星

在太阳系的八大行星中，土星是公认的最美丽的行星。它的表面呈淡淡的橘黄色，赤道上空有一个发光的环围绕着，好像戴了一顶高贵典雅的帽子。土星绕太阳一圈大约需要 29.5 地球年才能完成，但自转速度较快，自转周期短，大概只需要 10 个多小时。由于它自转速度快，产生的离心力大，导致它的外形偏扁。

土星的赤道与其公转轨道有 27° 的倾角，与地球的 23° 倾角非常相似。当土星公转时，其两个半球交替朝向太阳。这种交替循环形成了土星的四季变化，这与我们地球的四季成因相同。

科学家认为，土星的中心是一个岩石核，外围是一层压缩的冰块，冰块外面裹着由氢和氦等气体构成的大气圈。土星斜着身子绕太阳转动，当它的北极朝向太阳时，那里由于长时间低温而

40

凝结成细小颗粒的氮，被太阳光急剧加热升温，升华成氮气，并一直上升直到抵达低温的云顶，形成光亮的白云，我们称之为"大白斑"。

　　与地球相比，土星的直径是地球的9.5倍，体积是地球的730倍。土星的核心外面没有像地球那样的幔和壳，只有核外的冰层和与之相连的大气。因此，它虽然体积很大，但密度却很小。水的密度为1000千克/立方米，土星的密度只有水的70%，假如把土星放在水中，它会漂浮在水面上。

　　土星表面的温度约为-140℃，云顶温度为-170℃，比木星还低。由于土星表面温度较低，且物质逃逸速度慢，从而使它保留着几十亿年前形成时所拥有的几乎全部的氢和氦。因此，科学家认为，研究土星目前的成分相当于研究太阳系形成初期的原始成分，对于了解太阳内部活动及其演化很有帮助。

*300多年前，意大利科学家伽利略在用望远镜观测土星时，发现土星的圆面两侧有像人耳朵一样的东西。1659年，荷兰科学家惠更斯在经过更精细的观测之后确定，土星的这两个像耳朵一样的东西，实际上是连在一起的，是一个环绕土星的扁平圆环。

23 发现土星具有新型极光

土星的极光一般为椭圆形，周期性地照亮极地。人们认为这种极光与地球极光相类似。2008年11月，美、英等国科学家利用美国宇航局"卡西尼号"空间探测器上的红外设备，拍下了一种新型的土星极光。在45分钟的时间里，这种新的极光不断地变化，甚至会消失。科学家确认这种极光极为神秘，不同于以往在土星或太阳系其他行星上见到的极光，它最主要的特点是亮度很弱。

英国莱斯特大学的一位教授看到如此特别的极光，激动地说："我们从未在别的地方观察到这样的极光。它覆盖了土星极地一块巨大的区域，而根据当前土星极光形成的观点，这一区域应该是空的。所以，在这里发现极光真是一个意想不到的惊喜。"

科学家们认为，弄清这种极光的起源，将有助于人类深入了解土星。

*卫星在同一位置、不同时间拍摄到的土星极光的图片。可以看出，极光在不断变化。

奇妙的土星环

用望远镜观测土星，能够看到它那闪亮迷人的光环，这些光环实际上是由无数个小冰块和沙砾组成的，这些物质的直径从几厘米到几米不等。

人们把土星的光环分为 7 层，距土星最近的是 D 环，亮度最暗；其次是 C 环，透明度最高；然后是最亮的 B 环；之后是 A 环。A 环外，依次还有 F、G、E 3 层环，它们已经十分稀薄了。1675 年，意大利天文学家卡西尼在对土星光环进行观测时，发现光环的中间有一条黑暗的缝隙，把光环分为内外两部分。后来，天文学家就把这条缝隙称为"卡西尼缝"。卡西尼缝在 A 环和 B 环中间，看上去是一道黑暗的地带。

科学家们通过进一步探索发现，原来土星环的每一层又可细分为上千条大大小小的环，即使是被认为空无一物的卡西尼环缝也存在几条小环。

*2006 年，科学家们发现土星最外围的光环（E 环）呈现出蓝色，同时土星的其他光环则带有淡红色。

蓝绿色的天王星

1781年3月13日，英国著名天文学家威廉·赫歇尔用自己做的望远镜观察到，双子座附近有一个暗绿色的光斑。后来，他经过多次观测发现，这颗星体不仅不像其他天体那样闪烁不定，而且还有位置上的变化，于是肯定那是太阳系中的天体。这颗新发现的天体就是天王星。

在发现天王星之前，人们只知道太阳系中有水星、金星、地球、火星、木星、土星6颗行星。这次的发现，使人们第一次突破了太阳系以土星为界的范围，开始重新认识太阳系，对行星的划分也有所改变。同时，天王星的发现也燃起了科学家探索新行星的欲望，在天文学上具有极其深远的意义。

天王星距太阳大约19.2天文单位（28.7亿千米），在八大行星中的位置排行第七，是我们能用肉眼看到的最暗的行星。人如果站在天王星上，根本看不到水星、金星、地球和火星。这是因为这4颗行星与天王星在同一平面上，而且它们都被太阳的光辉所掩盖住，因此无法看见。

天王星的体积是地球的65倍，仅次于木星和土星，是太阳系行星家族中的"老三"。天王星被一层厚厚的大气包裹着，这层大气的主要成分是氢、氦和甲烷。甲烷反射了阳光中的蓝光和绿光，因此我们看到的天王星呈现出美丽的蓝绿色。

科学家发现，天王星也拥有像土星那样的光环。这些光环拥有缤纷的颜色，使遥远的天王星看起来更加神秘莫测。截至 2005 年12 月 23 日，科学家发现的天王星的光环数已经达到 13 道，由于最后发现的两道光环远离天王星本体，科学家将其称为"第二层光环系统"。

"旅行者 2 号"测得天王星的自转周期为 17.24 小时，公转周期是 84 地球年。天王星的自转轴几乎在其公转轨道的平面上，因此，如果把它的自转轴看作它的"躯干"方向，那么它自转时不是"站着"转，而是"躺着"转。而它绕太阳公转时，看上去就好像是在"就地十八滚"。

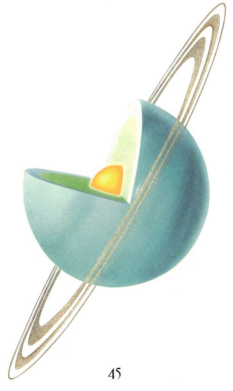

海王星和它正在消失的外部光环

科学家们发现天王星后，发觉似乎有一种力量在影响它，使它的运行轨道产生很大的偏离。法国天文学家勒维耶推测在天王星外侧还有一颗行星存在，他通过计算，推算出了那颗行星的具体位置。紧接着，德国天文学家伽勒通过望远镜观察，很快在理论位置上找到了一颗未知行星。在大型的天文望远镜里，这颗新发现的行星呈现出美丽的蔚蓝色，使人联想到了大海。于是，西方人称它为"涅普顿"，意思是"大海之神"，我们译过来就是"海王星"。

海王星与太阳的平均距离为 30.06 天文单位（45 亿千米），是太阳系的第八颗行星。它的直径为 4.94 万千米，约是地球的 3.9 倍；质量为地球的 17.2 倍；密度约为水的 1.6 倍。海王星的公转周期为 165 地球年，自转周期约为 16 小时。在八大行星中，海王星距离太阳最远，因此它单位面积所接收到的阳光只有地球上的 1/900，表面温度在 -200℃以下。那儿的冰层厚达 8000 米，在冰层

* 海神涅普顿的雕塑。海王星的天文符号象征涅普顿手中的三叉戟。

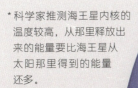

*科学家推测海王星内核的
温度较高，从那里释放出
来的能量要比海王星从
太阳那里得到的能量
还多。

下面是由岩石构成的核心，
核心质量和地球差不多。海王
星的大气活动十分剧烈，强劲的风暴
时速最高可达 2000 千米左右。

　　海王星也有光环，但在地球上观察到的光环并不完整，只是一
些暗淡模糊的圆弧。1989 年，"旅行者 2 号"空间探测器首次飞经
海王星，对其进行了详细的科学考察。经研究，天文学家确认海王
星有 5 条光环：里面的 3 条比较模糊，外面 2 条比较明亮。天文学
家将最外侧的一条光环命名为"亚当斯环"，并将此环中几段明亮的
弧依次命名为"自由""平等"和"博爱"。2003 年，美国加利福
尼亚大学研究人员经过观测、研究后公布：亚当斯环中的 3 段明亮
的弧似乎在逐渐消散，其中自由弧消散得最为明显。如果这种趋势
一直持续下去，自由弧将在 100 年内彻底消失。

太阳系中最冰冷的卫星

科学家通过空间探测器对海王星及其卫星进行考察后，确认海王星至少有 14 颗卫星。这些表面布满环形山和坑洼的卫星，日夜不停地绕着海王星运转。

在海王星的卫星当中，海卫一是最大的，它的直径大约为 2706 千米。在太阳系已发现的所有的行星和卫星当中，海卫一是最冰冷的一员，表面覆盖着厚厚的冰层，平均温度在 -240℃以下。

1989 年，"旅行者 2 号"发现海卫一具有行星拥有的一些特征，如：有类似行星的地貌和内部结构；它的极冠比火星极冠还大；地表火山也在活动，但喷出的是冰雪团和冰氮颗粒；更令人惊奇的是，它还具有通常行星才有的磁场。

* 从海卫一上看到的海王星

1930 年 2 月 18 日，美国人汤博发现了冥王星。当时，人们将其归入太阳系的行星之列，称其为"第九大行星"。冥王星距离太阳特别远，大约有 40 天文单位（59.8 亿千米），因此得到太阳能量很少，是一颗阴冷、黑暗的神秘星球。后来，天文学家发现这颗行星比预期的小很多，直径只有 2300 千米左右（小于月球）。

2006 年 8 月 24 日，在捷克布拉格召开的第 26 届国际天文学联合会上，冥王星被移出行星的行列，降级为矮行星。冥王星为什么会被降级呢？科学家表示，冥王星有很多地方都不符合"行星"的定义，主要是它的质量不够大，而且轨道与海王星的相交。

此次召开的确定太阳系行星身份的大会，是人类关于头顶星空的最重要的一次探讨。这是几十年来人类对太阳系认识的质的飞跃，它的意义可与人类发现天王星相媲美。

被降级的冥王星

发现小行星

18世纪时，科学家预测在火星与木星间存在着未知行星，但一直没能找到。1801年，意大利天文学家皮亚齐在一次偶然的观察中，在那个备受关注的区域发现了一颗小行星。后来，人们用罗马神话里收获女神克瑞斯的名字来为这颗小行星命名，这就是谷神星。

人们把发现的4颗比较大的小行星称为"四大金刚"，它们分别为：谷神星、智神星、婚神星、灶神星。小行星不发光，只能和月亮一样反射太阳的光，它们大部分都很暗，我们用肉眼可以看到的只有一颗，它是6等星，叫作灶神星。谷神星是最初发现的4颗小行星中最大的，直径近1000千米，质量不到地球的1/5000。但如果真的把它放到地球上，它所占的面积也有青海省那么大。

2006年，在天文学家同意冥王星被降级为矮行星的大会上，也提出了矮行星的概念。按照矮行星的概念，大部分天文学家都认为在最先发现的4颗小行星中，至少谷神星和婚神星应该属于矮行星，不能再称之为小行星了。

小行星命名的方法和规则

最早发现的小行星用罗马和希腊神话中的人物命名，比如第一颗小行星是以罗马神话中的收获女神命名的，中国科学家把它翻译成了"谷神星"（现为矮行星）；第二颗小行星是以希腊神话中的智慧女神命名的，中文名字为"智神星"（有些专家认为它是矮行星）。

后来发现的小行星越来越多，神话中的人物不够用了，就用国家名、城市名命名，如俄罗斯、意大利、中华、北京、东京；也用科学家的名字命名，如祖冲之、爱因斯坦、伽利略、牛顿。

国际上给小行星命名有一个规定，刚发现的小行星可以得到一个临时的编号，当这颗小行星准确回归3次以上，并被计算出运行轨道，才可以得到一个永久的名字。

* 谷神星是以罗马神话中的收获女神命名的，收获女神主管农业和丰收。

51

*小行星可以分为 3 类：第一类是碳质小行星，其主要成分是碳，离太阳比较远，反照率很小；第二类是石质小行星，离太阳比较近，反照率较大；第三类是金属小行星，铁和镍的含量比较高，但表面粗糙，反照率在前两者中间。

31 小行星的大小和形状

小行星的大小相差极大，最小的大概只有鹅蛋大小。大约 99% 的小行星直径都小于 100 千米，近百万颗小行星的直径只有 1 千米左右。目前太阳系内已有一百多万颗小行星被确认，其中约 57% 已有正式编号，但这很可能仅是所有小行星中的一小部分。如今每个月都有数千颗新的小行星被发现。

行星的形状都是圆球状（严格说是椭球体），而小行星的形状可谓五花八门，它们大部分都是不规则的形状。比如第 1620 号小行星的样子就像一根香肠，是长条状。第 524 号小行星是哑铃状。还有的小行星像一条奇形怪状的鱼，也有的像块丑陋的大红薯，真是千姿百态。

中国人发现的小行星

1928年，年仅26岁的张钰哲在美国留学。他非常喜爱天文观测，经常通宵达旦地拍摄小行星等天体的照片。当年11月22日，张钰哲在叶凯士天文台观测时意外地发现了一颗小行星，并证实这是一颗新发现的小行星。当时国际小行星中心请张钰哲为它命名，他为了表达对祖国的思念，当即取名为"中华"，这为中国小行星的发现取得了零的突破。这颗小行星的正式编号为1125号。

现在中国对小行星的研究已经取得了很大的成果，紫金山天文台（位于南京）自新中国成立后至今，发现了900多颗未曾记录的小行星。北京天文台后来居上，几年中发现的小行星已达1700多颗。在这些后发现的小行星中，有的在国际上已经被正式确认，有的还在考察、研究中。

* 紫金山天文台

随着彗星自身物质的流逝，彗星有可能会分解成无数小块，直至消亡。

33

神秘的彗星

彗星的外形十分特殊，与通常的天体很不一样。彗星常常是不请自来，飘忽不定，长长的彗尾变幻莫测，十分神秘。过去，人们不知道彗星是天体，认为彗星出现就会发生灾难。1577 年，丹麦天文学家第谷算出彗星离地球 100 万千米以上。虽然这个数值不准确，但这样的高度已证明了彗星远在大气层之外，也就是说彗星应当属于天体。

实际上，彗星是一种云雾状的小天体，一般由彗核、彗发和彗尾 3 部分组成。当它远离太阳时，我们无法用肉眼看见，只有当它靠近太阳时，我们才能看到。在用望远镜观测时，可以看见彗星那个又亮又小的彗核。核的四周则是较暗淡的云雾状的结构，这就是彗发。彗发与彗核一起组成彗头。由彗头向外延伸的部分就是彗尾，它总是背向太阳。

彗星远离太阳时，没有尾巴，只有靠近太阳时才有，而且离太阳越近，尾巴就越大。造成这种效应的幕后者是太阳。在太阳强烈的太阳风粒子流作用下，彗星的一部分变成了气体，从而产生了彗发和彗尾。它们在太阳风的吹动下，向背离太阳的方向飘散。离太阳越近，这种效应就越大。因此，有些彗星由于经过太阳的次数过多，消耗了大量的物质，后来再经过太阳时便没有明显的彗尾了。

彗星在一个偏心率[1]往往很大的椭圆形轨道上围绕太阳运转。在漫长的旅途中，彗星要跨越八大行星的轨道，有时会与这些行星相遇，或者擦肩而过。彗星运行的轨道有3种形状，分别是椭圆、抛物线和双曲线。呈椭圆轨道的彗星叫周期彗星，其中公转周期大于200年的叫长周期彗星，公转周期小于200年的叫短周期彗星；呈轨道抛物线和双曲线的彗星则叫非周期彗星。

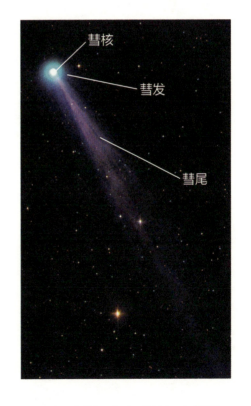

彗核
彗发
彗尾

---

1. 偏心率：椭圆两焦点间的距离和长轴长度的比值。即某一椭圆轨道与理想圆环的偏离，长椭圆轨道偏心率大，而近于圆形的轨道偏心率小。

哈雷彗星

地球
火星 水星
金星

木星

土星

* 哈雷彗星在众多彗星中几乎
是独一无二的，它又大又活
跃，且具有明确的规律。

34

著名的哈雷彗星

英国天文学家哈雷对彗星的观测有极大的兴趣，并积累了大量的彗星观测资料。1682 年，一颗特大的彗星散发着异常的光亮，拖着长长的大尾巴划过夜空。哈雷对它进行了详细的记录，后来经过潜心研究，发现这颗彗星分别于 1607 年、1531 年、1456 年出现过。哈雷运用牛顿的万有引力定律计算出它的轨道，并大胆预言，这颗明亮的彗星回归期为 75~76 年，它将于 1758 年再次回归。1758 年的圣诞节，这颗彗星果然重现于天空。这时，哈雷已经去世十多年了。人们为了纪念他，就把这颗彗星命名为"哈雷彗星"。

许多人都不知道，最早对哈雷彗星进行记录的是中国。中国对哈雷彗星的记录很完备，有确切的时间、位置、行走路径和彗尾长度等。从公元前613年到公元1910年的2500多年间，哈雷彗星共经过了34个周期，中国仅少了3次记录。

哈雷彗星同大多数周期彗星一样，在一个偏心率很大的椭圆形轨道上围绕太阳运转。哈雷彗星的近日距离为0.6天文单位（0.9亿千米），而远日距离竟达35天文单位（52亿千米）。哈雷彗星每76年回归一次，绝大部分时间在太阳系的边陲地区运行。那时，即使科学家采用现代最大的望远镜也难以搜寻到它的身影。我们要想亲眼目睹它，只能在它回归时的那三四个月。

哈雷彗星的公转轨道是逆向的，与黄道面有18°的倾角。哈雷彗星彗核的密度很低，大约为0.1克／立方厘米，这说明它多孔，可能是因为在冰升华后，只留下大量尘埃的缘故。哈雷彗星在宇宙中运行时不断地向外抛射尘埃和气体，从上一次回归以来，它总共已经损失了1.5亿吨物质，彗核直径缩小了4~5米。照此下去，哈雷彗星还能绕太阳运行两三千圈，寿命也许只有几十万年。

* 天文学家哈雷的画像。哈雷对彗星似乎情有独钟，他选择了这一前人涉及不多的领域，进行了深入的研究，开创了认识彗星和研究彗星的新领域。

流星出现的始末

　　恒星际空间存在许多小而暗的尘粒和固体物质，它们叫流星体。流星体闯入地球大气层时，同大气摩擦燃烧产生的光迹叫流星。特别亮的流星叫火流星，有时在白天也能看到，甚至还能听到它的声响。每年人们都会看到有许多流星在同一时间段从星空的某一点向外辐射散开，这种现象就是流星雨。

　　流星体都各自按照自己的轨道和速度运行着，有时它们会发生碰撞。大块的流星体被撞成了碎块，成为一群小流星体，或者是碰撞后很多小流星体聚集成群，它们沿着同一轨道运行，这就形成了流星群。

流星群原来是按照固有的轨道运行的，如果此轨道与地球轨道相交，当地球出现在两个轨道相交的点时，流星群中的某些成员就会坠入地球大气，形成流星雨。流星雨有它固定的周期，天文学家们可以预报它们出现的地点、时间、数量等。

其实，流星并不是偶然出现的，如果用高灵敏度的天文望远镜进行观测，就会发现每天都会出现流星，夜晚有，白天也有。据统计，每天闯入地球大气层的流星大概有 80 亿颗，只不过大部分流星我们用肉眼看不到。一般来说，黎明时出现的流星要比黄昏时多，在北半球，4 月流星少，9 月流星多。我们看到的流星大约出现在 100 千米的高空，一般在离地 50 千米处燃烧完毕。

＊单个流星出现时，一般都是稍纵即逝，难以观测。
中国民间，将这种单个流星称为"贼星"。

天外飞来的陨星

一些体积较大的流星体，在经过地球大气层时没有全部燃烧完，还有一部分降落到地球上，这就是陨星。陨星按照所含物质的不同，可分为三大类：含铁较多，通常含铁量在90%以上的陨星，叫陨铁；含硅酸盐矿物质较多的陨星，叫陨石；含铁和硅酸盐矿物质参半的陨星，叫石铁陨星。此外，还有极少数是陨冰。

1976年3月8日15时，一场罕见的陨石雨降落在中国吉林地区，这是世界上覆盖面积最大的一次陨石雨。事后，人们收集到了100多块陨石，据科学家们估计，它们的母体星球的年龄大约在45亿~46亿年，和我们的地球差不多。

陨星来自宇宙间，它是小天体的样品，具有特殊的研究价值。对陨星进行研究，为人类了解各种天体的起源和演化过程提供了重要的依据，同时也为人类揭开宇宙奥秘提供了帮助。

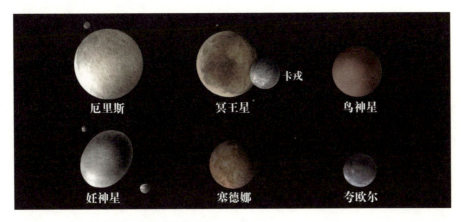

厄里斯　　　　冥王星　　卡戎　　　鸟神星

妊神星　　　　塞德娜　　　　　夸欧尔

*1992 年，人们找到了第一个柯伊伯带天体，
如今已有许多新的柯伊伯带天体被发现。

太阳系的边缘——柯伊伯带

在我们太阳系的边缘，有一个以太阳为中心，由数以亿计的冰冷天体组成的环状带，它就是柯伊伯带。柯伊伯带的名称源于荷兰裔美籍天文学家柯伊伯。早在 20 世纪 50 年代，柯伊伯就预言，在海王星轨道以外的太阳系边缘地带，充满了冰封的物体，它们是原始太阳星云的残留物，也是短周期彗星的发源地。

1992 年，科学家发现了第一个柯伊伯带天体，此后，陆续不断有新的发现。这些天体的大小差别很大，直径从数千米到上千千米不等。矮行星冥王星也位于柯伊伯带中。虽然，科学家对柯伊伯带已有所了解，但仍存在种种疑问。美国航空航天局（NASA）于 2006 年发射"新地平线号"探测器，该探测器历经 9 年，飞行 48 亿千米，于 2015 年 7 月以最近距离飞掠冥王星，拍摄到了冥王星的清晰照片。"新地平线号"预定于 2029 年离开太阳系。

第二章

总览宇宙和星空

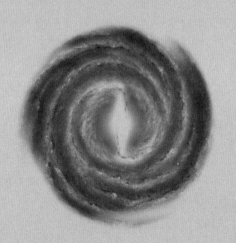

在我们生活的地球之外，
是一个广阔无垠的充满各种星星的世界，
我们把这个世界称为"宇宙"。
宇宙囊括万物，无边无际；宇宙生命无限，无始无终。
即使我们使用当今最先进的望远镜，也看不到宇宙的尽头，
即使我们运用现代最完善的科学知识，
也无法了解宇宙的全部奥秘。

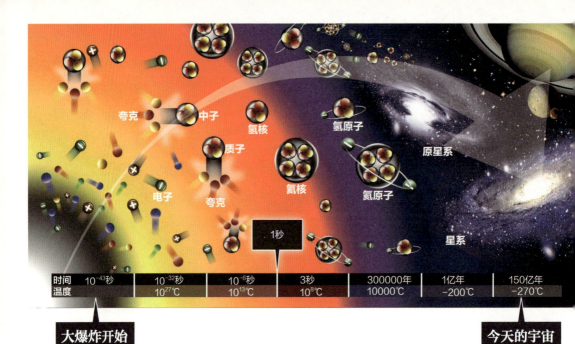

夸克 中子
氢核
氢原子
质子
氢核
原星系
电子 夸克 氦核 氦原子
星系

1秒

时间	10^{-43}秒	10^{-32}秒	10^{-6}秒	3秒	300000年	1亿年	150亿年
温度		10^{27}℃	10^{13}℃	10^8℃	10000℃	−200℃	−270℃

大爆炸开始

今天的宇宙

38

宇宙是怎么形成的

　　宇宙是怎么形成的？科学家为了解释宇宙的起源，相继提出了星云说、稳恒态宇宙理论、大爆炸理论等假说。在这些形形色色的观点中，最被世人所接受的是大爆炸理论。

　　1932年，比利时天文学家勒梅特首次提出了现代宇宙大爆炸理论。该理论认为宇宙在诞生前，所有的物质都高度密集在一个点上。这个点有着极高的温度，大概在150亿年前，它发生了大爆炸，碎片向四面八方散开。此后，物质开始向外膨胀，先后诞生了星系团、星系、银河系、恒星、太阳系、行星、卫星等。今天，我们看见的和看不见的一切天体和宇宙物质，都是在这一演变过程中诞生的。

　　人们是怎样推测出这场宇宙大爆炸的呢？这就要依赖天文学家们的观测和研究了。他们发现银河系附近的星系都在远离我们而去，离我们越远的星系，远离的速度越快。对此，人们开始反思，如果把这些向四面八方远离的星系的运动倒过来看，它们当初可能是从同一源头发射出去的，这是不是可以证明宇宙之初曾发生过一次难以想象的宇宙大爆炸呢？

1965 年，美国天文学家彭齐亚斯和威尔逊发现了宇宙背景辐射，后来他们证实宇宙背景辐射是宇宙大爆炸时留下的遗迹，从而为宇宙大爆炸理论提供了重要的依据。但什么是宇宙背景辐射呢？

宇宙背景辐射指一种充满整个宇宙的电磁辐射，频率属于微波范围。有研究表明，宇宙大爆炸发生后约 30 万年，遗存的热气体发出的辐射四处穿透，就成为宇宙背景辐射。宇宙背景辐射中包含着比遥远星系和宇宙射电源所能提供的更为古老的信息，因此对研究宇宙起源极有帮助。

*彭齐亚斯（右）和威尔逊（左）

星系 宇宙中的『星城』——

在茫茫宇宙中，千姿百态的闪亮"星城"错杂分布，每个星城都是由无数颗恒星、各种天体和星际物质组成的天体系统，天文学上称之为星系。我们的太阳系就在一个巨大的星系——银河系之中。在银河系之外的宇宙中，有许多像银河系这样的星系存在，它们被统称为河外星系。

星系也有多个聚集在一起的，两个聚在一起的叫双星系，多个聚在一起的叫多重星系。一群星系聚集在一起就组成了星系团。我们所在的银河系就位于一个叫作本星系群的星系团中，而这个星系团又处在一个叫作本超星系团的超星系团中。

凭借我们目前的观测设备，能看到的最远的星系大约距离地球150亿至200亿光年。各种星系如宝石般闪烁着光芒，相貌各异。天文学家根据星系的形状，将星系主要划分为三大类：一类是旋涡星系，它们大多呈螺旋状，有几条弯转的旋臂；一类是椭圆星系，它们的外形像一个椭圆；另一类是不规则星系，它们没有固定的形状，一般比较小。

　　我们能用肉眼看到的星系不多，只有几个，而且它们看上去也只是像星星那样大的光斑。仙女座星系是离我们银河系最近的河外行星系之一，它与银河系非常相似，包括类似于银河系的各种各样的恒星、星团和星云等。仙女座星系虽然是我们的邻居，但它到我们的距离却有 200 多万光年。

美丽的旋涡星系

旋涡星系是目前科学家观测到的数量最多、外形最美丽的一种星系。它之所以叫旋涡星系，是因为形状很像江河中的旋涡。

旋涡星系从侧面看，就像一块大铁饼，它的中间凸起，四周扁平。从"铁饼"凸起的部分螺旋式地伸展出若干条明亮的"光带"，它们叫旋臂。那里充满了气体，是恒星的摇篮。如果我们从侧面看旋涡星系，根本就看不到它的旋臂，只能看到一个椭圆形。绝大多数恒星都集中在"铁饼"的中心，旋臂上则聚集了大量的星际物质、气体等。

天文学家通过观察旋臂，能推测出旋涡星系年轻与否：旋臂越是明显松散，星系的年龄就越小，那里未来会有大批的恒星出现；相反，旋臂越模糊紧凑，星系的年龄就越大，那里大部分恒星都在慢慢走向衰老。

* 位于仙女星座方位的仙女座星系就是一个美丽的巨型旋涡星系。

椭圆星系和不规则星系

科学家发现，椭圆星系中的气体特别少，年轻的恒星也不多。这是因为这种星系中的恒星"诞生"时间早，在漫长的岁月中逐渐衰老，消耗了许多气体。也就是说，这种星系已经发展到老年阶段，生命力不旺盛了。

不规则星系的形状千差万别，都没有明显的中心。这种星系中一般含有大量的气体，年轻的恒星较多，可能还有许多是刚刚"诞生"的，因此，我们称它们为"年轻的星系"。不规则星系的质量小，密度低，产生恒星的速度比较慢。

科学家通过观测发现，不规则星系多在大型星系附近。因此，有些科学家推测，不规则星系很可能是在大型星系形成之后，由剩余的气体物质逐渐凝聚、演变、发展而来的。

我们的银河系

银河系侧看像一个中心略鼓的大圆盘（或铁饼），我们称之为银盘。银河系中的主要物质都集中在这个银盘中。银盘中心隆起的近似于球形的部分叫核球，那里恒星高度密集。核球区域的中心有一个很小的致密区，叫银核。银核所拥有的质量相当于1000万个太阳的质量。

银盘外面是一个范围更大、近于球状分布的系统，其中的物质密度比银盘中低得多，叫银晕。银晕内的恒星密度比银盘内小得多，主要是一些球状星团。银晕外面还有银冕，它的物质分布大致也呈球形。银冕是银河系的最外围，比银河系的主体部分要大得多，主要由非常稀薄的气体组成，因此不易准确测定出它的真正范围。

整个银河系的直径约为10万光年，中间厚约1万光年，边缘厚约3000~6000光年。即使是速度最快的光，要穿过银河系也要10万年。银河系有5条螺旋状的旋臂，银河系中心

和 5 条旋臂都是恒星密集的地方。太阳系位于一条叫作猎户臂的旋
臂上，距离银河系中心约 2.6 万光年。

　　银河系的旋涡结构反映了它也在做自转运动，也就是说银河系
中的恒星、星云和星际物质[1]都在围绕银河系的中心（银核）旋转。
太阳系绕银核旋转的速度为 250 千米 / 秒，旋转一周需 2.5 亿年左
右，也就是一个银河年。

---

1. 星际物质：星体与星体之间的物质。恒星之间的物质包括星际气体、星际尘埃和各种各样的星云，
　　还包括星际磁场和宇宙射线。

什么是星团

在一个不大的空间区域里，数十颗至数万颗以上的恒星聚在一起，所形成的恒星集团称为星团。数十至数百颗恒星不规则地聚在一起组成的星团叫疏散星团。数以万计的恒星聚在一起密集呈球状的星团叫球状星团。

现在，在银河系中已经发现约上百个球状星团，它们由上万颗，甚至几十万颗老年恒星组成。目前在银河系中最大的球状星团是位于半人马座内的 ω 星团，它也是最亮的星团，距地球约 1.8 万光年。到现在为止，在银河系中共发现 1000 多个疏散星团。天空晴朗无云时，在中国最容易看见的疏散星团位于金牛座中，那就是大名鼎鼎的"七姐妹星团"。

* 位于金牛座的七姐妹星团（又名昴星团），是一个很容易被观测到的天体。

* 这个位于金牛座的星云在《梅西耶星团星云表》中列第一，代号 M1，是最著名的超新星残骸。

44

发现星云

1758 年 8 月 28 日晚，法国天文学家梅西耶（当时还是天文爱好者）在巡天搜索彗星的观测中，突然发现一个在恒星间没有位置变化的云雾状斑块。他觉得这块斑的形态很像彗星，但它与恒星之间没有位置变化，显然又不是彗星。后来，梅西耶陆续发现了许多类似的天体，并把它们详细地记录下来，这些便是后来所说的星云。其中第一次发现的金牛座中的云雾状斑块被列为第一号。

* 星云在一定条件下，可能收缩成为一颗恒星。也就是说，恒星和星云在特定条件下是可以相互转化的。

* 超新星爆炸时，会向外抛出大量物质，这些物质会与周围的气体产生反应，变成超新星残骸。

45 不同种类的星云

云雾状的星云在宇宙中飘飘荡荡，它们的形状各异，千姿百态。从形态上来划分，星云可分为弥漫星云、行星状星云和超新星剩余物质星云；从发光性质来划分，星云可分为暗星云和亮星云。

弥漫星云是一种非常巨大但又非常稀薄的星云，它的外形呈不规则的形状，没有明显的边界。我们银河系中的猎户座大星云就是弥漫星云。

行星状星云呈环状，就像天使头上的光圈。已到晚年的小质量恒星爆炸时，它的外层物质被抛射出来，然后不断膨胀，环绕在它的周围，就形成了行星状星云。

超新星剩余物质云，是由超新星爆发喷出来的物质所形成的不断扩大的星云。11世纪，中国天文学家记载了金牛座中的一颗"星星"。实际上，它并不是古人所以为的那种恒星，它的外形很像一只螃蟹，因此被称为蟹状星云。这是目前发现的最著名的超新星剩余物质云。

星云有淡薄和浓密的区别。淡薄的星云后面的光很容易通过，而比较浓密的星云，就会遮住后面的星光。特别黑暗的部分可以使用望远镜照相，照出以恒星为背景的黑云状物质，这种气体云叫黑暗星云。

星云有时看起来是黑暗的，但有时又可以成为发光体，像这样发光的气体我们叫它亮星云。亮星云之所以会发光主要和它旁边的亮星有关，它不但可以散发星光，而且受恒星光和热的作用，导致其中的分子和原子也会发光。

*著名的猎户座马头星云就是一个暗星云。

红移现象和类星体之谜

复色的光通过棱镜等分光仪后，能分解出许多单色的光。这些单色光按照波长的长短依次排成的光带，叫作光谱。日光的光谱是红、橙、黄、绿、蓝、靛、紫七色，红色光的波长最长，紫色光的波长最短。如果一个天体的光谱出现向红波（长波）端的位移，天文学上就称之为红移。通常认为一颗恒星发出的光线的光谱向红光光谱方向移动，证明它正远离我们而去。

最早发现红移现象的是美国天文学家哈勃。1929年，哈勃通过观测、研究确认，遥远的星系均在远离我们地球所在的银河系而去，同时，它们的红移随着它们的距离增大而成正比地增加。后来，人们将这一普遍规律称为"哈勃定律"。

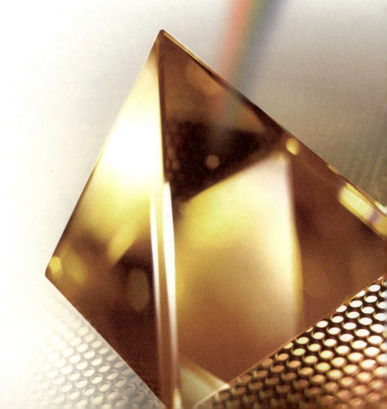

* 上图向我们展示了距离地球 104 亿光年的
类星体——PG 0052+251。

　　20 世纪 60 年代，天文学家发现了一种新型的天体，它在照相底片上具有类似恒星的像，但它的光谱显示，它不是恒星也不是星云，却会发射出很强的无线电波。后来，天文学家把这类天体叫作类星体。它的显著特点是，正在以飞快的速度远离我们而去，因此具有很大的红移。

　　这类天体距离我们都很远，在几十亿光年以外，甚至更远。尽管距离远，可它的光学亮度看上去却不弱，比正常星系亮 1000 倍，可谓宇宙间最明亮的天体。天文学家认为，类星体是一种难解的天体，它具有许多奇特的现象，如红移之谜，超光速的移动。如果能解决关于它的所有问题，我们在天文学上的认识将向前跨越一大步。

恒星也在不停地运转着

恒星之所以得其名，是因为它们看起来恒定不动。其实，恒星的位置并不是永远不变的，它们也在移动，我们称这种移动为"恒星的自行"，自行的单位是角秒／年。恒星距离我们很远，自行的速度很缓慢，因此确认恒星的自行，需要很长时间。距太阳系第二近的恒星巴纳德星是所有已知恒星中自行运动最大的，以 10.3 角秒／年的速度移动。

恒星除了具有自行运动外，它本身还在不停地自转。太阳自转的速度一直在不断地变化，但平均看，它自转一周需要 27 天左右。天鹰座的第一亮星——天鹰 α 星（中国称牛郎星），自转的速度比太阳快很多，自转一周只需要 9 个小时左右。太阳自转 1 圈，天鹰 α 星已经自转 72 圈了。

看上去，太阳好像是天空中最大的恒星，这是因为它离我们最近。实际上，太阳在恒星大家族中，只是一个"中等个"，比它个头大的恒星数不胜数。比如，织女星比太阳大 21 倍；仙王座 VV 星（双星）的主星是太阳的 1600 倍，土星的轨道都可以放进它的肚子里。

恒星的体积相差 1000 万亿倍，而恒星的质量仅相差 1000 倍左右，可见恒星之间的密度差异是非常大的。大多数恒星的质量不超过 10 个太阳的质量。目前，已知质量最大的恒星是 R136a1 星，约是太阳质量的 256~265 倍，牛郎星的质量是太阳质量的 1.8 倍，织女星的质量是太阳质量的 2.4 倍。

太阳只是『中等个』

* 下面是太阳与最大的恒星的体积对比图。

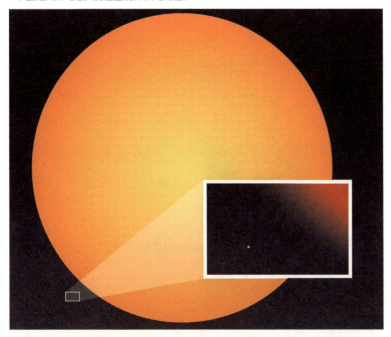

划分星星的亮度——星等

晴朗的夜晚，我们仰望苍穹，会看见漫天的星斗明暗错杂，有的特别亮，有的只能看到模糊的一点。根据明暗的不同，天文学家最早把全天人眼可见的星按感觉的亮度分为6等，最亮的21颗星定为1等星，其次是2等星，再次是3等星、4等星、5等星，肉眼刚好能看到的最暗的星为6等星。按照这种方法划分的星星亮度的等级，叫作目视星等，简称视星等。现在公认，1等星的亮度是6等星的100倍。

后来，天文学家们又发现了一些比1等星更亮的星，这应该怎样划定它们的等级呢？他们根据星星越亮，等级数值越低的原则，把比1等星亮的星定为0等星，比0等星还亮的星定为-1等星，以此类推，负数等级越大的星就越亮。现在对天体亮度的测量更加精确，星等也分得更精细，出现了小数点后两位的星等，如船帆座的天社一，视星等是1.75。

目视星等并不能真正表示出星星的实际亮度。天空中的亮星，有的可能真的是发光能力很强的恒星，但也有的可能只是因为它离我们特别近，才显得亮。相反，有些暗星也不一定真暗，尽管要通过望远镜才能观测到它们，但它们的发光能力可能极强，只是由于距离我们太远，看起来显得比较暗。

为了体现星星真实的发光能力，科学家采用绝对星等来衡量它们的亮度。假设把所有星星都搬到距地球10秒差距的地方，也就是在32.6光年处，这时我们从地球上看到的亮度，所划分出的星星的明亮等级就是绝对星等。绝对星等使天空中的星星有了真正亮度的比较。

天空中最亮的15颗星

序号	名称	所属星座	视星等	与地球距离（光年）
1	天狼星	大犬座	−1.46	8.6
2	老人星	船底座	−0.72	310
3	南门二	半人马座	−0.27	4.3
4	大角星	牧夫座	−0.05	36.7
5	织女星	天琴座	0.02	25
6	五车二	御夫座	0.08	42.2
7	参宿七	小犬座	0.12	860
8	南河三	猎户座	0.34	11
9	水委一	波江座	0.46	139
10	参宿四	猎户座	0.50	640
11	马腹一	半人马座	0.61	390
12	牛郎星	天鹰座	0.77	16
13	十字架二	南十字座	0.77	320
14	毕宿五	金牛座	0.85	65
15	角宿一	室女座	0.97	250

* 绝对星等的示意图。从地球看，A星明显亮于B星（视星等）。但将两颗星均移至距地球32.6光年处时，A星显然暗于B星（绝对星等）。

32.6光年

认识神秘的双星

天空中有好多星星都是成双成对的，它们互相绕转，不分离，这样的星星我们称之为双星。据统计，至少有 1/3 的星体为双星系统，还有一些是三星联合，四星联合。双星中的每一颗星都可以叫作这个双星系统的子星。每一对双星中的两颗子星的搭配都各不相同，它们的质量、体积、颜色和亮度都可能存在很大差别。

双星分为物理双星和光学双星。物理双星是指两颗星受引力吸引互相绕转，它又分为目视双星和分光双星。目视双星是指人们直接用望远镜就能看出来的双星，而分光双星必须通过精密的仪器才能测算出来。光学双星实际上是两颗互不相干的恒星，但是由于距离我们很远，所以看上去两颗星星离得很近。

时暗时明的变星

在广阔无垠的宇宙中，有一种很特别的恒星，它的亮度常常发生变化，时暗时明，天文学上把这种亮度不定的恒星叫作变星。按光变的起源和特征，可将变星划分为三大类：食变星、脉动变星和爆发变星。

食变星实际上是一对双星，两颗星互相绕转，相互遮掩，使亮度不断变化。双星大陵五可能是最具有代表性的食变星。另外两种类型的变星和食变星不同，它们都是自身变光的变星。脉动变星大多是处在崩溃边缘的老年恒星，由于它的星体时胀时缩，亮度也就时暗时明。爆发变星中包括新星、超新星等，它们突然爆发，亮度迅猛增加，但持续的时间短，随后又缓慢变暗。

大块头——红巨星

现代恒星演化理论认为，当一颗恒星度过它漫长的青壮年期（主序星阶段），步入老年期时，首先会变成一颗红巨星。"红巨星"这个名字能够很形象地表示出恒星当时的颜色和体积。当恒星处于红巨星阶段时，体积将膨胀 10 亿倍之多。在它迅速膨胀的同时，它的外表面离中心越来越远，所以温度将随之而降低，发出的光也就越来越红。

红巨星是怎样形成的呢？我们知道，所有处于主序星阶段的恒星都像太阳一样，其内部不断进行着核聚变。核聚变的结果是把每四个氢原子核结合成一个氦原子核，并释放出大量的原子能，形成辐射压。此时的恒星，其辐射压与自身收缩[1]的引力处在一个平衡状态。当核聚变消耗掉大部分氢时，恒星内部的平衡被打破，中心形成一个氦核，并不断集聚，同时，周围的氢在燃烧中向外推进，这样便形成了内核收缩、外壳迅速膨胀的红巨星。球状星团中普遍存在红巨星，许多球状星团中最亮的星就是红巨星。

---

1. 收缩：（文中指引力收缩）在原始气体弥漫物质中，各处密度不同。那些密度比周围高的区域，如果有足够大的尺度，在自身引力作用下的收缩趋势便会超过分子热运动（即压力）的弥散趋势而开始收缩，使密度进一步增大，最终形成一个密度远高于周围气体的区域。这种情况称为引力收缩。

小个子——白矮星

现代恒星演化理论认为，白矮星是一种晚期的恒星，是在红巨星的中心形成的。红巨星的内核不断收缩，越来越热，最终内核温度超过1亿℃，导致氦聚变成碳。经过几百万年，氦核燃烧殆尽，恒星的结构变得更加复杂了——中心是一个碳球，外面裹着氦层，最外面是以氢为主的混合物构成的外壳。慢慢地，红巨星内部活动变得更加剧烈、复杂，外部半径时大时小，最后成为一颗巨大的火球。此时，恒星核心的密度已经增大到每立方厘米10吨左右，一颗白矮星（在原来恒星的核心）已经诞生了。

白矮星之所以得其名，是因为最早发现的几颗都呈白色。白矮星的特点是光度很低、个子小、温度高、密度大，内部压力也非常大。白矮星总数不超过整个天空恒星数的10%，现已发现1000多颗，平均密度接近水的100万倍。天狼星（属于双星系统）B星就是一颗白矮星，它的光度不到太阳的5万分之一，密度却是水的1000万倍左右。

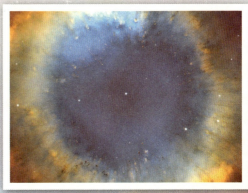

* 形成白矮星的恒星不能维持核聚变反应，它们会将外壳抛出形成行星状星云，而留下一个核聚变产生的高密度核心，即白矮星。

突然增亮的新星和超新星

有些恒星的视星等不到 6 等，人的眼睛不能直接看到，可是突然间，它的亮度会增强数千倍、甚至几万倍，成为一颗很明亮的星，这就是新星。这是一种恒星大爆炸现象，它向外抛射物质的速度最高可达 5000 千米／秒。在爆发后的几个小时内，新星的光度就能达到极大，并在数天内（有时在数周内）一直保持很亮，随后又缓慢地恢复到原来的亮度。

能变成新星的恒星在爆发前一般都很暗，肉眼看不到。然而，光度的突增有时会使它们在夜空中很容易被看到，因而对于观测者来说，这种天体就好像是新诞生的恒星，所以称之为"新星"。

大多数科学家认为，多数新星都存在于两颗子星靠得很近的双星系统中。这两颗子星的年龄不同，例如一颗是红巨星，一颗是白矮星。

*这是一幅白矮星和红巨星组成的双星系统的模拟图。图中的"小个子"白矮星正在吸收"大块头"红巨星的外层大气。

在某些特定情况下，红巨星会膨胀到另一颗子星——白矮星的引力范围以内。这样，引力场很强的白矮星就会把红巨星外层大气中的某种物质吸引过来。这种物质在白矮星表面积累到一定程度以后，就会发生核爆炸，也就是新星爆炸现象。爆炸后，白矮星又恢复平静，但引起的过程则一直重复下去。

超新星是恒星世界里最厉害的爆炸，它的光亮会比原来猛增千万倍、甚至上亿倍。一颗超新星爆炸时释放出来的巨大能量可以抵得上几千万颗新星的总和，所以称之为"超新星"一点儿都不为过。从表面上看，超新星只比新星爆炸的规模大而已。实际上它们有着本质的不同，新星只是表面的爆炸，超新星是恒星演变到最后阶段，整个星体发生了爆炸。爆炸一般会产生两种结果，一种是将恒星物质完全抛撒，成为星云遗迹；一种是抛射掉大部分质量，遗留下来的内部物质坍缩[1]成白矮星、中子星或黑洞，从而进入恒星演化的晚期。

1. 坍缩：（文中指引力坍缩）恒星演化到晚期的一种猛烈变化过程。在引力坍缩过程中，恒星中心部分形成致密星，并可能伴有大量的能量释放和物质的抛射。

*中子星被认为是一种主要由中子构成、密度极高的恒星，有的密度能达到 1 亿吨/立方厘米。

55 中子星和脉冲星

现代恒星演化理论认为，中子星是超大质量恒星爆炸形成超新星时残留的内核，它是密度非常高的天体。典型中子星的直径为 20 千米，质量约等于太阳的质量。这样，可以计算出它的密度约为水的 10^{14} 倍。

天文学家推测中子星形成的过程是这样的：一颗质量比太阳大的恒星在爆发坍缩过程中，产生了超强的压力，这使它的物质结构发生巨大的变化。首先，这颗恒星中的原子（由原子核和电子组成）被压破，原子核也没有幸免。原子核由质子和中子组成，当原子核被压破后，其中的质子和中子便被挤出来。质子和外面的电子挤到一起结合成中子。然后，所有的中子挤在一起，就形成了中子星。

中子星形成后，自转速度不断加快，最后达到每秒几圈到几十圈。同时，收缩使中子星成为一块极强的"磁铁"，这块"磁铁"的某一部分会向外发射电波。当它快速自转时，电波就像灯塔上的探照灯那样，有规律地不断地扫向地球。天文学上把这种高速自转的中子星称为脉冲星。脉冲星有着很强的磁场，并进行着快速的自转，它的自转周期叫脉冲周期。

脉冲星最早是在 1967 年，由英国剑桥大学休伊什教授的研究生乔瑟琳·贝尔发现的。当时，她发现在狐狸座内有脉冲信号的射电源，脉冲信号很稳定，从而确定有一颗恒星存在。脉冲星的发现对确定中子星的存在提供了重要的证据。

可怕的黑洞

　　理论上认为，黑洞是演变到最后阶段的恒星。当一颗超新星爆炸时，它的核一般会坍缩成中子星，但如果这个核的质量特别大，就会进一步收缩形成黑洞。处于此阶段的恒星具有巨大的引力场，使得它所发射的光和电磁波都无法向外传播，变成看不见的孤立天体，人们只能通过引力作用来确定它的存在，所以叫它"黑洞"，也叫"坍缩星"。

　　黑洞是看不见的，只有当它靠近另一颗恒星时，才会露出端倪，或者，我们直接从那些明知是双星却又找不到另外一颗的地方去探索。如果算出这类恒星的质量比太阳大得多，又有很强的 X 射线发出，就有可能是黑洞了。靠近黑洞的一切都会被黑洞吞噬，包括原子、尘埃、行星等，就连光线也无法逃掉。所有的东西一碰到它，就像掉进无底洞一样，再也找不到踪迹了。

未被证实的白洞

"黑洞"的概念一经提出后，一些科学家预言，宇宙中还存在着一种与黑洞相反的特殊天体——白洞。聚集在白洞内部的物质，只能向外运动，而不会向内部运动。也就是说，白洞会不断地向外部区域提供物质和能量，但不能吸收外部区域的任何物质和辐射。长此以往，白洞"吐"出来的物质将会在其外围，形成一个封闭的边界。

白洞学说主要用来解释一些高能天体现象。有人认为，类星体的核心就可能是一个白洞。当白洞中心区域聚集的超密物质向外喷射时，就会猛烈地撞击它周围的物质，从而爆发，释放出巨大的能量，并伴有 X 射线、宇宙线等。目前，白洞还只是一种理论模型，天文学家尚未观测到或证实其存在。

假想出来的天球

我们知道，各个天体同地球的距离都不一样，或远些、或近些。人站在地球上看星空，所有的天体都显得特别遥远，而且它们看上去好像是镶嵌在一个以地球为中心的圆球的球面上。我们称这个假想的球为天球，实际上我们看到的是天体在这个天球球面上的投影位置。

天球依据观赏者所站位置的不同，分为地心天球和日心天球等，上面所介绍的天球其实就是地心天球（也就是从地球上看星空）。星星在天空中移动的方向是一致的，它们从东方的地平线上升起来，升至最高点（中天），然后从西方落下去，看起来就像整个天球围绕着地球旋转一样。星星在天上每日旋转一圈，这种运动叫周日运动。地球自转轴向两端延伸，与天球相交的两点就是天球的北极和南极。地球的赤道向外，扩至天球上的位置，就是天球赤道。

人们根据天球的样子和特点，制造出一种用于航海、天文教学和普及天

文知识的天球模型——天球仪。天
球仪的球面上绘有亮星的位置、
星名、星座，以及几种天
球坐标系的标识和度数。
人们利用它，能表述天
球的各种坐标、天体的
视运动以及求解一些实用的
天文问题。

　　天球仪上的星
象[1]和我们仰望星空看
到的星象正好相反，
这是因为我们站在地球上
看星空，是从天球里面（中心）
看天球；而我们看天球仪，则相当
于置身于天球之外来看天球。一般使
用的天球仪直径在 30 厘米左右。天球
仪上有一根金属轴贯穿球心，代表天轴，
其两端为天球的北极和南极。天球仪可环
绕天轴旋转。我们通过转动天球仪，可以
看到在不同地理纬度上，不同日期不同时刻
的星空景象。

---

1. 星象：指星体的明暗、位置等现象，古代迷信的人往往借观察星象，推测人、事的吉凶。

认识星空的工具——星图

星图就是从地球上看天球，将天体在天球球面上的位置投影于平面而绘制的图，它简洁而明确地表示出天体在天球上的视位置、相对明暗程度、基本形态、类型归属、名称等。

目前世界上现存最古老的星图，是大约绘制于唐中宗时期的《敦煌星图》，现藏于伦敦大英博物馆。除此之外，世界上著名的古代星图还有中国宋代的黄裳在1247年制作的石刻星图、1603年出版的德国巴耶尔星图、1690年出版的波兰赫维留斯星图、1729年出版的英国弗兰姆斯蒂德星图和1801年出版的德国波德星图。这些星图不但反映了当时的天文学发展水平，同时也是精美的艺术作品。

看星图的方法和看地图不同。我们面对地图进行观察时，是上北下南左西右东，星图却是上北下南左东右西，南北方向是一致的，但东西方向相反。因此，我们看星图时，要把它举过头顶，把上方朝北，从下往上看，方向就一致了。夜晚，对着星星看星图，需要准备手电筒，但应在手电筒上挡一块红布，用红光来照亮星图。这样，星空和星图的亮度就差不多了，我们的眼睛才会适应，不然就好像到电影院迟到一样，刚一进去什么都看不见。

上面讲的是对着星星看星图的方法，那么利用星图找星星又有什么方法呢？首先，举好星图，对好方位。然后在天上找到一颗你认识的星，并在星图上找到它。接着按照星图所示，从这颗星再去找别的星。还可以用强光手电筒，把光柱打到天上去，像一个光柱教鞭，指着一颗星星，这样看上去就醒目多了。

*西方的星图常把星座神话形象与星座结合起来绘制，使星图成为一幅精美绝伦的画作。

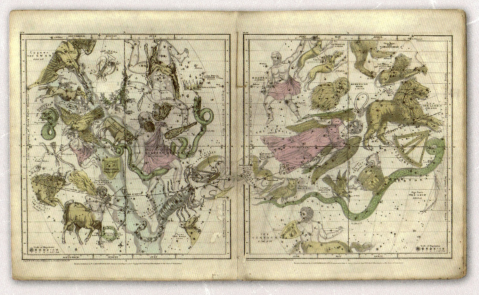

60

星座的起源和发展

人们把相邻恒星构成的图形及其所在的天空区域称为星座。星座的历史可以追溯到几千年前。世界上不同民族和地区都有自己的星座划分方法和传说。中国古代把天空分成三垣（yuán）四象二十八宿，三垣是指紫微垣、太微垣和天市垣。二十八宿主要位于黄道区域，分为四大星区，称为四象。

目前国际通用的星座，主要起源于古巴比伦和古希腊划分的星座。大约在 3000 年前，巴比伦人经过长期观察，逐渐确立了黄道十二宫星座，并为它们命名。后来，巴比伦人的星座划分法传入了希腊，希腊人在此基础上又分别为北天的 19 个星座和南天的 12 个星座命名。这些名字与优美的古希腊神话交织在一起，使星座成为久传不朽的宇宙艺术。

17世纪，随着航海事业的发展，人们认识了更多的星座。因此在原有的星座基础上，又为新发现的 37 个星座命名，并打破了过去神话传说式的星座划分。到了 1928 年，国际天文学联合会正式公布了通用的星座，共 88 个。

天上有 88 个星座，它们中以哺乳动物命名的有 17 个，如狮子座、白羊座、天猫座、大熊座、小熊座；以鸟类命名的有 8 个，如天鹰座、孔雀座；以鱼类命名的有 4 个，如飞鱼座；以爬行动物命名的有 4 个，如巨蛇座；以节肢动物命名的有 3 个，如苍蝇座；以人为构想的动物命名的有 7 个，如凤凰座；以物品命名的有 24 个，如六分仪座、天琴座；以神话故事中人物命名的有 15 个，如双子座、仙后座；其他还有 6 个，如三角座、波江座。

开阳　玉衡　天权　天枢

摇光　　　　　　　　天璇

天玑

61 大名鼎鼎的北斗七星

北斗七星由 7 颗星构成，其中有 5 颗明亮的 2 等星和 2 颗 3 等星。这 7 颗星分别为天枢、天璇、天玑（jī）、天权、玉衡、开阳和摇光。在中国的神话传说中，北斗七星是一位德高望重的神仙——北斗星君，他负责掌握每个人的寿命。

北斗七星之所以得名，是因其外形很像古人盛酒的用具"斗"。至于叫它"北斗"，是为了区别于低垂于夏季夜空的同样排列成斗形的南斗六星（位于人马座）。

北斗七星的整体位置一年四季各不相同，它在北方有规律地变化着，即按逆时针方向绕北极星旋转：春季斗柄向东；夏季斗柄向南；秋季斗柄向西；冬季斗柄向北。（辨认北斗七星的旋转方向，请按照看星图的方法。）除了整体变化外，北斗七星中各个星星的位置也在不断变化着，它们各自运行的速度和方向都不一样。

春季里的北极星

夜晚，我们看天空中的星星都是东升西落的，只有北极星（勾陈一）始终在正北方，几乎从未移动。这是因为北极星正好位于地球自转轴的沿线上，无论地球如何自转，它相对地球的位置看起来都是不动的。

在春季，我们想要找到北极星，可以借助北斗七星。在北斗七星勺口的天璇和天枢两星之间连一条线，再向勺口延长约 5 倍的距离，便会遇到一颗明亮的 2 等星，它就是北极星。这是寻找北极星最简便的方法，因此天璇和天枢二星又被称为"指极星"。

63 夏季夜空中的长河——银河

在晴朗的夏夜，天空中总有一条气势磅礴的白色光带横贯天际，天文学上称之为"银河"，民间也叫"天河""河汉"等。至今，中国还流传着牛郎织女隔银河相望的神话传说。欧洲人则把银河称为"牛奶色道路"。

直到望远镜问世后，人们才知道银河是由密集的恒星聚集而成的。银河中的无数颗恒星，连同散布在天空各方的点点繁星，包括太阳系在内，都属于银河系。其实，银河与银河系是同一事物的不同部分：银河系是以"银河"命名的星系，我们置身其中，无法看清它的全貌；夏季我们所见到的天空之河，也就是银河，只是银河系的一大部分。

永不相见的牛郎星和织女星

在夏季的夜空，异常明亮的银河特别引人注目。银河由天蝎座东侧向北伸展，延伸途中，在距东方地平线一半高处，有两颗亮星隔河相对。其中高度较低，位于银河东岸的是我们熟悉的牛郎星。它位于天鹰座的心脏部位，是一颗亮度为 0.77 等的白色主序星，距离太阳大约有 16.5 光年。在牛郎星的两侧各有一颗较暗的星，分别叫河鼓一和河鼓三，传说它们就是牛郎与织女的两个孩子。

在银河西岸、较高的那颗星是著名的织女星，它与牛郎星可望不可及。织女星位于天琴座，是天琴座的主星。在织女星的东侧有两颗小星，它们与织女星正好组成一个正三角形。

* 牛郎星位于天鹰座（上），织女星位于天琴座（右），它俩隔河（银河）相望。

101

65 天琴座的传说

在夏季星空中，天琴座是一个非常好找的小星座。在其主星——织女星的附近，有 4 颗小星，组成了一个小菱形。在中国神话中，那是织女织布用的梭子。但在古希腊神话中，它则被想象成一把七弦琴。

传说，奥菲斯是太阳神阿波罗的儿子，他不但有优美的歌喉，还善于弹奏七弦琴。为此，阿波罗亲自送给儿子一把金色宝琴。仙女欧律狄克被奥菲斯的琴声所吸引，后来两个人幸福地生活在一起。有一天，仙女在林间游玩时不慎被毒蛇咬死。失去爱妻的奥菲斯痛不欲生，他弹着凄婉哀怨的乐曲来到冥府。冥王被这悲伤的旋律所感动，答应让他的妻子重返人间。但严厉地告诫他，在返回人间的途中，不能回头看妻子。当奥菲斯拉着妻子渡过冥河时，忍不住回头看了妻子一眼，瞬间，妻子又离他而去。奥菲斯痛不欲生，悲伤而死。天神宙斯非常感动，就将他的金色七弦琴升上天空，化为天琴座。

英雄的化身——武仙座

武仙座东邻天琴座，南连蛇夫座，西邻牧夫座，北邻天龙座，是夏季夜空中一个庞大的星座。武仙座中没有一个 2 等以上的亮星，但有很多 3 等星和 4 等星，因此也比较容易找到。座内还有一个由几十万颗星星密集而成的巨大星团——M13 球状星团。其直径有 150 光年。

在古希腊神话传说中，武仙座是最勇武的英雄赫拉克勒斯的化身。赫拉克勒斯是宙斯和底比斯王后阿尔克墨涅的私生子。在赫拉克勒斯还是个婴儿时，天后赫拉派了两条毒蛇去毒杀他，但两条蛇居然被他活活捏死了。赫拉克勒斯长大后，成为了一位英勇无比的英雄，丰功伟绩数不胜数。他死后，宙斯封他为神，并升入天空，成为武仙座。

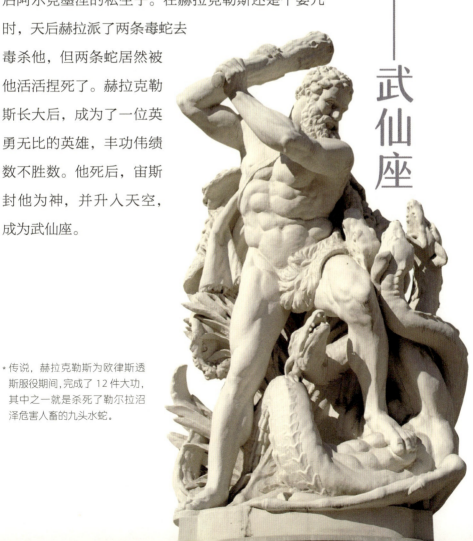

* 传说，赫拉克勒斯为欧律斯透斯服役期间，完成了 12 件大功，其中之一就是杀死了勒尔拉沼泽危害人畜的九头水蛇。

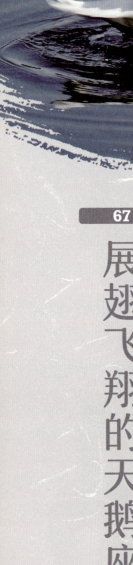

67

展翅飞翔的天鹅座

天鹅座与银河两岸的天鹰座、天琴座鼎足而立，是夏季最显眼的星座之一。这3个星座中的3颗主星（α星）组成了一个大三角形，被誉为"夏季大三角"。天鹅座内目视星等亮于6等的星有191颗，其中亮于4等的星有22颗之多。所以，尽管天鹅座浸没在白茫茫的银河之中，但由于这一星座中亮星较多，形状容易辨认，人们可以轻松地找到它。

如果把天鹅座中几颗较亮的星连接起来，便构成一个大十字架的形状，人称"北十字"。之所以这样称呼它，是为了与初夏南天的南十字座相区分。把北十字的亮星与周围的所有星斗组合起来，看上去就像一只展翅飞翔的天鹅。在这只天鹅的尾部，有一颗 1 等亮星天津四。在天津四的东面不远处，还有一颗很著名的星星，叫天鹅座 61 星，离地球约 11 光年。

在古希腊神话故事中，天鹅座是天神宙斯的化身。传说宙斯爱上了美丽的斯巴达王后勒达，但他害怕生性嫉妒的天后赫拉发现，于是变成一只天鹅去和勒达幽会，还生下了两个儿子（双子座）。后来，宙斯把这只天鹅的形象留在天上，成为天鹅座。

天鹅座由初升到升起，再到落下，整个朝向一直在不断变化着。从东北方初升时，天鹅座几乎是侧着身子升上天空。当升到正天顶时，天鹅座的头指向南偏西。当移到西北方时，天鹅座则头朝下、尾巴朝上，然后慢慢向西北，沉入地平线。同其他星座一样，天鹅座在不同季节升起的时间是不同的。例如，在春天，天鹅座大约在半夜升起，而初秋时它在下午升起，黄昏后，它已升到天顶了。

天琴座

天鹅座

天鹰座

向女儿表达忏悔之意的仙后座

热闹的夏季星空过后，迎来的是暗淡、冷寂的秋季星空。学习辨认秋夜的星座，最好先从东北方在银河中闪耀生辉的仙后座开始。仙后座是秋季星空最著名的星座，它的大名可与北斗七星相媲美。仙后座中，能用肉眼看到的星星至少有 100 颗，最亮的星有六、七颗。其中，由 3 颗 2 等星、2 颗 3 等星构成了一个像英文字母 W 的形状，这是辨认仙后座最明显的标志。

认识了仙后座，就可以轻松地找到北极星了。方法是将 W 外侧两条边延长，然后交于一点。这个虚拟的交点和 W 中间的那个点连线，向前（W 开口方向）延伸大约 5 倍距离，就是北极星大致的位置。

在古希腊神话传说中，仙后座的仙后卡西俄珀亚原是埃塞俄比亚的王后。王后是个爱慕虚荣的女人，她到处夸耀女儿安德洛墨达公主的美貌胜过海里最美的仙女。海神听说后非常生气，就派海怪兴风作浪，危害人间。为了解救百姓，国王忍痛将心爱的公主用铁链绑在岩

石上，奉献给海怪。

　　正当海怪袭击公主时，英雄珀耳修斯骑着飞马路过这里，救下了公主。两个人结为夫妻，相亲相爱。后来，公主升天化为仙女座。珀耳修斯紧随其后，成为英仙座，他座下的飞马成为飞马星座。公主的母亲死后也升上天空，化为仙后座。你看，她高举着双手弯着腰，正在向女儿表达忏悔之意呢！

　　公主的父亲——埃塞俄比亚的国王刻甫斯化为仙王座。仙王座位于银河北侧，我们全年都能看到，在秋夜里最为耀眼。在仙王的鼻尖上，有一颗典型的高光度的脉动变星，叫造父一。它的直径比太阳大 30 倍，密度是太阳的 6/10000。

69 猎户座——拥有亮星最多的

在冬季的夜空，我们会看见全天最华丽、拥有亮星最多的猎户座。它有两颗0等星——参宿四和参宿七，此外还有5颗2等星，3颗3等星和15颗4等星，这些闪闪发光的星星使猎户座成为最明亮的星座，被称为"星座之王"。

每年11月初，猎户座大约在晚上10点升起，此后，升起的时间慢慢变早。到元旦前后，在黄昏时分，它就会出现在东方。此后，它升起的时间继续变早，到5月份，升起的时间在早晨8点左右，黄昏的时候正好沉没。那个阶段，我们整夜都看不见它。

在希腊神话中，关于猎户座的由来有两种不同的说法，一种说法如下：

传说，海神的儿子俄里翁是个出色的猎人。

一次，他在森林中打猎时，与太阳神阿波罗的妹妹——月神阿耳忒弥斯相遇，两人一见钟情。但阿波罗不喜欢这个猎人。一天，俄里翁在海中游泳时，被在天空中巡视的阿波罗发现了。阿波罗看见猎人的头露出水面，仿佛一块黑礁石，就故意赞美妹妹的箭法高超，并鼓动她向海中的"黑礁石"射箭。月神上当了。当她发现射死了自己的心上人时，悲痛欲绝。天神宙斯很同情这对恋人，就将俄里翁升上天空，置于群星中最显耀的位置，这就是猎户座。

神话传说中关于猎户座的由来还有另外一个版本。据说猎人俄里翁总吹嘘自己天下无敌，能战胜一切动物。宙斯的妻子听说后，就派一只毒蝎去与猎人决斗。结果夸下海口的猎人被毒蝎蜇死了。他死后升上天空变成了猎户座，毒蝎变成了天蝎座。为防止这对仇敌再相互争斗，宙斯将他们安置在天球的两边，一个升起时，另一个便落下，永世不得相见。事实上，天蝎座出现在夏夜的星空中，而猎户座出现在冬夜。

*这是月神阿耳忒弥斯的塑像。她是希腊神话中的奥林匹斯主神之一。

寻找冬季里的大犬座

大犬座是冬季夜空中的小星座，与猎户座同在银河西边，其样子就像一只飞奔的猎犬，共有122颗6等以上的恒星。璀璨的天狼星位于猎犬的鼻尖。在猎犬的腹部还有一颗明亮的恒星，中国称之为弧矢七。大犬座的另一颗亮星位于猎犬的一只脚上。它们使大犬座显得格外引人注目。在大犬座的西侧是天兔座，我们在冬夜里也可以看到。

在希腊神话中，关于大犬座还有一段动人的传说呢。猎人俄里翁不幸被自己的恋人月神阿耳忒弥斯一箭射死后，他的爱犬西里乌斯悲痛万分，整天不吃不喝，最终饿死在主人的卧室里。天神宙斯深受感动，也将它升上天空，成为大犬座。为了不让大犬感到寂寞，宙斯又找来一只小狗陪伴它，这就是闪耀在大犬座北面的小犬座。

冬季里最亮的星——天狼星

冬季的星空有许多著名的星座，众星座争相辉映，好似在开星辰世界的群英会。很多星座和亮星都很好辨认，其中，最令人难忘的亮星当属天狼星。

每当冬春两季的上半夜，天狼星就会闪着耀眼的光芒出现在偏南方向的天空中。它的亮度远远超过1等亮星，是整个夜空中我们能用肉眼看到的最明亮的恒星（准确视星等为 -1.46）。天狼星的出没运行与古埃及人的生产生活密切相关。每当天狼星在黎明升起的时候，恰恰是尼罗河水位涨高、春回大地的播种季节。因此，古埃及人特别崇拜天狼星，把它看作是一颗"报春"的星星。

第三章

人类探索宇宙

苏联"航天之父"齐奥尔科夫斯基曾说过：
"地球是人类的摇篮，但是人类不能永远生活在摇篮里。"
事实上，从古至今，人类一直试图走出"摇篮"，
奔向那神秘无穷的天空，登上传说中的广寒宫。
带着这些理想，人类开始了对宇宙的探索，
揭开了一个又一个谜团。

中国古代的『盖天说』和『浑天说』

中国古代最早提出的一种宇宙结构学说是"盖天说"。这种学说认为天是圆形的，好像一把大伞盖在地上；地是方形的，好像一个棋盘。因此，这种学说又叫"天圆地方说"。

盖天说之后，东汉的天文学家张衡提出了"浑天说"。浑天说认为，天与地的关系就像鸡蛋中蛋白和蛋黄的关系，地是蛋黄，它被像蛋白一样的天包裹着。具体说，天的形状不是标准的圆球，而是一个南北短、东西长的半椭圆球。大地也是一个球，它浮在水上，回旋漂荡着。

盖天说无法解释日月星辰东升西落的现象，浑天说却能。此说认为日月星辰附着在天球上，白天，太阳升到我们可见的天空中，月亮和星星落到地球的背面去；夜晚，太阳落到地球的背面去，星星和月亮升起来。星、月和太阳交替升起，周而复始，便出现了有规律的黑夜和白昼。

张衡不仅提出了"浑天说"，还使用浑天仪实际测量了日、月和金、木、水、火、土五大行星的运行规律。而且，他还是世界上第一个提出了预报日食和月食方法的天文学家。

　　另外，张衡发明的浑天仪既能模仿天体运动，又能指示时间，充分显示了中国古人的聪明智慧。浑天仪是一个球状模型（很像地球仪），中心有一根铁棍穿过。铁棍穿过的球面是南北两极，球面上刻着二十八星宿和其他星辰，球面上套着地平、子午两个圈，黄道和赤道上刻有二十四节气。

* 浑天说把地球当作宇宙的中心，这与欧洲古代的"地心说"不谋而合。图为浑仪与浑象合一的浑天仪。

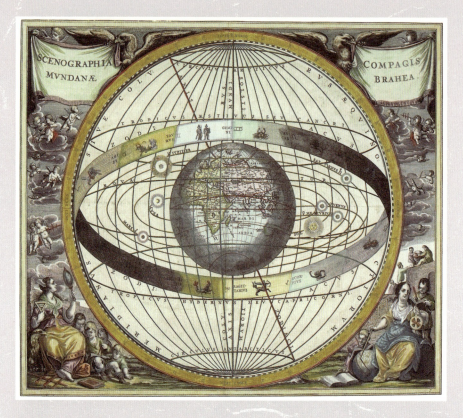

盛行欧洲的『地心说』

"地心说"是古代欧洲人提出的一种宇宙结构学说，这种学说认为地球是宇宙的中心，而其他的星球都环绕着地球运行。地心说最初是由古希腊哲学家亚里士多德提出来的，后来经天文学家托勒密发展、完善，在欧洲盛行长达千年之久。

托勒密认为，地球是宇宙的中心，一直静止不动；地球向外依次有月球、水星、金星、太阳、火星、木星、土星，它们按照各自的圆形轨道绕地球转动。他还认为行星的运动比太阳和月球的复杂。

地心说把地球当作宇宙的中心是错误的，但它却是历史上第一个提出行星体系模型的学说。而且，地心说也承认地球是球形的，并把恒星与行星区分开。因此，地心说在天文史上有着重要的意义。

日心说：1543 年，波兰天文学家哥白尼在其著作《天体运行论》中提出了日心说，认为太阳才是宇宙的中心。日心说是天文史上的一次创举，最终代替了地心说。

星云说：该学说是在 18 世纪下半叶由德国哲学家康德和法国天文学家拉普拉斯提出来的。因为他们提出的学说内容相差无几，所以人们称这种学说为"康德—拉普拉斯星云说"。此学说认为，太阳是由一块星云收缩形成的，星云的剩余物质进一步收缩演化成了行星。

大爆炸说：之前，我们已经讲过大爆炸理论的形成和发展。目前，大多数科学家都支持此学说，它是人类认识宇宙的理论基础。

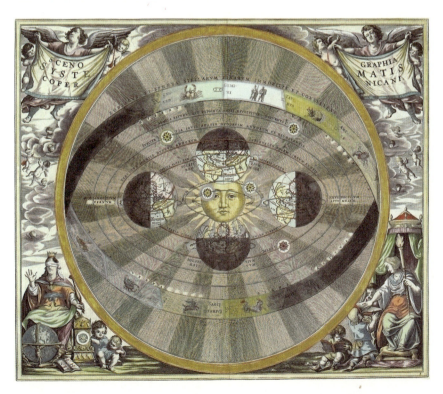

古代的太阳钟——日晷

在钟表没有发明之前，人类曾使用过一种古老的太阳钟——日晷（guǐ）来测定时间。日晷是根据太阳东升西落的运动，利用太阳投射的影子来测定时刻的装置。

日晷通常由铜制的指针和石制的圆盘组成。铜制的指针叫作晷针，它垂直地穿过石制圆盘的中心。圆盘叫作晷面，安放在石台上，呈南高北低状，使晷面平行于天球赤道面。这样，晷针的上端正好指向北天极，下端正好指向南天极。

晷面的正反两面刻有12个大格，每个大格代表两个小时。当太阳光照在日晷上时，晷针的影子就会投向晷面，太阳由东向西移动，投向晷面的晷针影子便慢慢地由西向东移动。晷面的刻度是不均匀的。

于是，移动着的晷针影子就像现代钟表的指针，晷面则是钟表的表面，以此来显示时间。

最早研究天文的方法和天文著作

最早的天文学研究方法是天体测量学。古埃及人根据天狼星在空中的位置来确定季节；古代中国人早在公元前 7 世纪就发明出了制定节令的圭表，通过测定正午日影的长度拟定节令、回归年或阳历年。古人依靠对星的观测，绘制星图，划分星座，编制星表。

春秋战国时期，齐国的天文学家甘德著有《天文星占》8 卷，魏国的天文学家石申著有《天文》8 卷。后人将这两部著作合为一部，称为《甘石星经》。这是中国、也是世界上最早的一部天文学著作。中国现存最早的天文著作是汉代史学家司马迁所著的《史记·天官书》。司马迁在此书中记录了 558 颗星，创造了一个生动的星官体系，奠定了中国星官命名的基础。

古老的天文台

中国是世界上天文学发展比较早的国家之一，天文观测的历史十分悠久，夏代就建有天文台了。早期的天文台既是观测星象的地方，也是祭祀活动的场所。古代帝王在这里祭天，同时任命专职人员在这里观测天象，占卜吉凶，编撰历书。随着天文事业的发展，祭天和观天逐渐分离，出现了专门观测、研究天文的天文台。

目前中国现存的最古老的天文台是河南登封县的观星台，它建于13世纪末，由元代著名天文学家郭守敬主持建造，是元初进行"四海测验"的27处观测台站中唯一保存下来的古台建筑。观星台是科学、宗教与政治相互作用的产物，因其独特的设计而成为元代天文学高度发达的历史见证。

现代的天文台

现代的天文台大多是建在高山上的圆顶形建筑。那里设有照相机、天文望远镜和各种计量计算装置，是进行天文观测和天文研究的机构。

如果你在高山上看见屋顶是半球形的房子，那十有八九就是天文台。天文台之所以建在山上，是因为高山上的空气污染相对小一些，空气干净透明，也没有城市的灯光干扰，有利于天文学家进行观测。半球形的屋顶实际上是天文台的天窗，天窗可以随意改换角度，能够使天文学家观测到天空中的任意方向。天文学家打开天窗露出望远镜，并瞄准要观测的对象，使它以地球的自转速度匀速转动，锁定被观测对象。这样，天文学家便能观测得更加全面。

* 圆顶天窗打开，露出了里面的望远镜。

不断发展的光学望远镜

天文望远镜使天文学家们看见了用肉眼无法看见的天体，加深了对宇宙的认知。最早发明天文望远镜的是意大利科学家伽利略，他利用自己发明的望远镜首先发现了月亮上的山脉和火山口，还发现了木星的 4 颗卫星。伽利略发明的望远镜是折射望远镜。这种望远镜的前端以一个或一组凸透镜作为物镜，后面是一个目镜。物镜把光线折射到目镜，折射后的影像有时会失真。

德国天文学家开普勒和荷兰天文学家惠更斯对伽利略的折射望远镜进行了改进，制造出一种新的折射望远镜，从而发现了土星的卫星——土卫六和土星光环。但这种望远镜放大的倍数、成像的清晰度仍不够理想。

后来，英国科学家牛顿自己动手磨制了镜片，制成了新的望远镜，叫作反射望远镜。这种望远镜利用反射原理，用凹面镜作为物镜，把来自天体的光线反射、聚集起来，因此观看者看到的图像非常清楚、逼真。要想看到较大的天区，就要磨制大型的镜片。美国帕洛玛山天文台有一台口径为 5.08 米的反射望远镜，仅其镜片玻璃就有 20 吨重。大型的反射望远镜看到的天区虽然增大了，但只有中间部分的景象真实，四周还是不太清楚。

1931 年，德国光学专家施密特同时利用了折射和反射的原理，发明了折反式望远镜。这种望远镜综合了前两种望远镜的优点：视野宽、成像质量好、光力强。现在，人们也将这种望远镜叫作施密特望远镜。

以上几种望远镜都是靠接收天体的光线进行观察的，因此都叫光学望远镜。

先进的射电望远镜

20 世纪 30 年代，美国无线电工程师雷伯发明了第一架射电望远镜。射电望远镜不同于光学望远镜，它接收的不是天体的光线，而是天体发出的无线电波。它的样子与雷达接收装置非常相像。它最大的特点是不受天气条件的限制，不论刮风下雨，还是白天黑夜，都能观测，而且观测的距离更加遥远。

射电望远镜为什么会有这么大的本事呢？我们知道，宇宙中的天体都能发出不同波长的辐射，但我们的眼睛只能看见可见光范围内的辐射，对可见光之外的 γ 射线、X 射线、紫外线、红外线和无线电波则无能为力。射电望远镜能接收各种波长的辐射，因此能观测到光学望远镜看不到的天体！随着射电望远镜的发展，天文学又前进了一大步，先后发现了类星体、星际有机分子、微波背景辐射和中子星。

目前世界上最大的射电望远镜是位于中国贵州的"中国天眼"（FAST）。

*哈勃空间望远镜，以天文学家哈勃的名字命名，在轨道上环绕着地球运行。

闻名世界的哈勃空间望远镜

哈勃空间望远镜是目前世界上最大的太空望远镜，它于 1990 年 4 月 24 日由美国的"发现号"航天飞机发射进入太空。哈勃望远镜重 11 吨，有一台口径为 2.4 米的反射望远镜，镜身长 13.1 米，直径为 4.26 米。由于太空中没有空气、尘埃等的阻挡，所以它拍摄的照片非常真实、数量多，同时也很清晰、漂亮。"哈勃"自发射后，已经成为天文史上最重要的仪器之一，填补了地面观测的缺口，帮助天文学家解决了许多根本上的问题。

目前，哈勃空间望远镜已到"晚年"。它在太空运行的过程中，分别在 1993 年、1997 年、1999 年、2001 年、2009 年，实施了五次大修。尽管每次大修以后，"哈勃"都能继续工作，但仍旧掩盖不住它的"沧桑"。

用途广泛的火箭

1926 年 3 月 16 日，美国的工程师戈达德创制出世界上第一枚液体燃料火箭（单级火箭），并发射成功。虽然这枚火箭只运行了 2.5 秒，飞了 12 米高，但它却是世界航天史上一个重要的里程碑。

现代火箭是一个长的圆柱体，总共有三大系统：结构系统、动力系统、控制系统。结构系统是火箭的躯壳，保护内部各组织模块；动力系统是火箭的生命之源，由燃料部分和发动机部分组成；而控制系统就像是火箭的大脑，指挥它的飞行速度、方式并确定飞行目标。

火箭只是一次性的航天运载工具，"生命"一般只有 10 分钟到 20 分钟。当火箭将所运载的器材送入预定轨道后，它就完成了使命，然后会坠入大气层中，结束辉煌而短暂的一生。

随着人类对太空探索的深入和空间探测器功能的不断增多，要求火箭具有更大的运载能力，因而出现了多级火箭。简单地说，多级火箭就是把几个单级火箭首尾连接在一起形成的。多级火箭不仅可以连续增加射程，而且用完一级就可以把空壳抛掉，以减轻负荷，提高火箭的飞行速度。

根据动力能源不同，火箭可分为化学火箭、核火箭和电火箭。化学火箭又可分为固体火箭、液体火箭和混合推进剂火箭。按照用途的不同，火箭还可以分为航天火箭，军用火箭和民用火箭。航天上，火箭可以搭载各种空间探测设备。军事上，火箭可用于攻击敌方的军事目标和侦察敌方的军事设施。生活中，我们可以使用火药火箭在节日里燃放烟火。

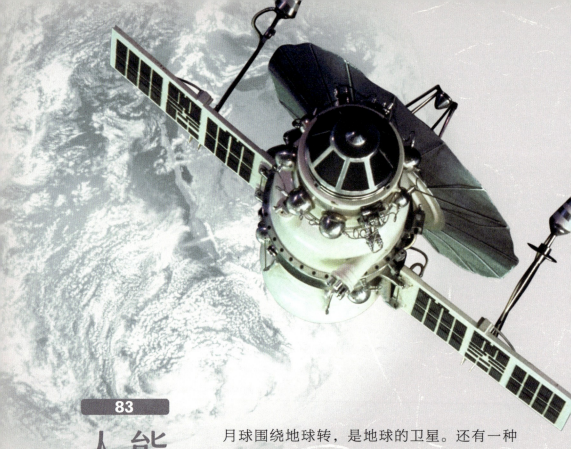

83 能够完成多种任务的人造卫星

月球围绕地球转，是地球的卫星。还有一种天体也可以围绕地球运行，但它不是天然形成的，而是人造的，因此叫人造卫星。科学家用运载火箭把人造卫星发射到预定的轨道，使它环绕着地球或其他行星运转，以便进行探测或科学研究。围绕哪一颗行星运转的人造卫星，我们就叫它哪一颗行星的人造卫星，比如最常用于观测地球和通信方面的，叫人造地球卫星。它们运行时，处在地球引力与自身离心力相平衡的状态下，除非科学家人为地让它从天上掉下来，否则它们不会回到地面。

所有国家在发射卫星时，都会把发射方向指向东方。这是因为地球自转的方向是自西向东的，人造卫星由西向东发射时，可以利用地球自转的惯性，从而节省燃料和推力。不过，由于世界各地的发射地所在的位置不同，发射的方向总是偏北或偏南一些。

人造卫星按轨道分类，可以分为低轨道卫星、中高轨道卫星和地球静止轨道卫星。低轨道卫星距离地面的高度为 200～2000 千米；中高轨道卫星的高度为 2000～20000 千米；地球静止轨道卫星的高度为 35786 千米。

如果按用途分类，可分为科学卫星、技术试验卫星和应用卫星。科学卫星包括各种空间物理探测卫星和天文卫星；技术试验卫星是指用于卫星技术和空间技术试验的卫星；应用卫星则包括各种通信卫星、气象卫星、资源卫星、侦察卫星、导航卫星、测地卫星等。

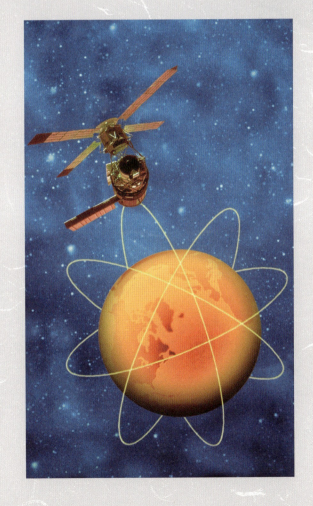

* 地球静止轨道卫星，相对地球是静止的，也就是说它的运行与地球是同步的，所以又叫同步卫星。这种卫星的代表是通信卫星。

翱翔于太空的宇宙飞船

宇宙飞船实质上就是载人的人造卫星，与人造卫星不同的是它有应急、营救、返回、生命保障等系统，以及雷达、计算机、变轨发动机等设备。宇宙飞船的体积和质量都不太大，因此飞船每次只能乘2~3名航天员，一般在太空中只能停留几天。

目前，科学家已经研制出3种结构的宇宙飞船，即一舱式、两舱式和三舱式。一舱式是最简单的，只有航天员的座舱；两舱式飞船是由座舱以及提供动力、电源、氧气和水的服务舱组成，改善了航天员生活和工作的环境；三舱式是在两舱式的基础上增加了一个轨道舱，增大了航天员的活动空间，可以进行多种科学实验。

返回舱与『黑障』现象

　　宇宙飞船的返回舱是一个密闭座舱，在轨道中飞行时与轨道舱连在一起，成为航天员的居住舱。在宇宙飞船起飞阶段和降落阶段，航天员都要半躺在该舱内的座椅上。座椅前方是仪表板，可以显示飞行情况。座椅上安装着状态控制手柄，在飞船自控失灵时，可以手动控制此手柄进行调整。

　　飞船（三舱式）返回地面之前，轨道舱和服务舱分别与返回舱分离，并在进入大气层的过程中焚毁，只有返回舱载着航天员返回地面。当返回舱进入地球大气层时，在某一段时间内，会出现与外界联络严重失真甚至中断的现象，这在航天上叫"黑障"现象。原来，航天器在经过大气层时，与大气产生剧烈的摩擦，使其表面与周围的空气发生电离，从而导致通信电波衰减或无法发出。当航天器的速度逐渐减慢后，通信也就恢复正常了。

航天飞机与空天飞机

　　航天飞机是集卫星、飞机、宇宙飞船技术于一身的,部分可重复使用的航天器。它需垂直起飞、水平降落,以火箭发动机为动力发射到太空,能在轨道上运行,且可以往返于地球表面和近地轨道之间。

　　它由轨道器、固体燃料助推火箭和外储箱三大部分组成。轨道器是航天飞机的主体,又是航天飞机中唯一可载人的部分,也是真正在地球轨道上飞行的部件。固体燃料助推火箭将航天飞机升到一定高度后,与轨道器分离,回收后经过修理可重复使用。外储箱是个巨大的壳体,内部装有供轨道器主发动机使用的推进剂,是航天飞机组件中唯一不能

回收的部分。航天飞机的轨道器是载人的部分，有宽大的机舱，它能够带着航天员定点着陆。

空天飞机是航空航天飞机的简称。顾名思义，它集飞机、运载器、航天器等多重功能于一身，既能在大气层中像航空飞机那样利用大气层中的氧气飞行，又能像航天飞机那样，利用自身携带的燃料在大气层以外飞行。空天飞机起飞时，不必借助火箭发射，也可以任意选择轨道，降落时又能像普通飞机一样自由选择跑道。

空天飞机的动力装置既不同于飞机发动机，也不同于火箭发动机，而是一种混合配置的动力装置。它由空气喷气发动机和火箭喷气发动机两大部分组成：起飞时空气喷气发动机先工作，这样可以充分利用大气中的氧，节省燃料；飞到高空后，火箭喷气发动机开始工作，燃烧自身携带的燃烧剂和氧化剂。

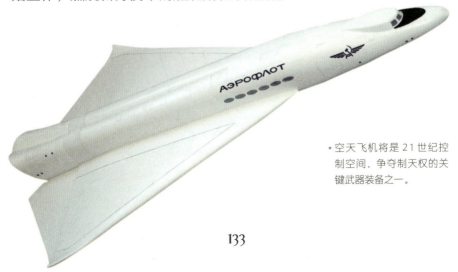

*空天飞机将是 21 世纪控制空间、争夺制天权的关键武器装备之一。

87 宇宙空间站

运行在太空中的宇宙空间站

宇宙空间站是运行在地球轨道上的一种小型实验性科研与军事活动的基地，上面有维持人长期正常生活的环境，安装有保障航天员进行各种工作的仪器设备以及为人和设备服务的各种装备，可载人长期飞行。它可研究人对空间环境的适应能力，探测天体，观察地球，试制新材料和药品，并进行生物实验等。

为了使人们在太空中生活得安全、舒适，空间站上设有各种先进的配套设施。生活设施有食品柜、电热器、饮水箱、坐椅、睡铺、卫生间、淋浴装置等；文化设施则包括专门收看地面电视节目的电视机和各种体育锻炼器材。此外，还有可靠的生命保障系统，包括大气再生器、水再生器等。

航天员的生命保障系统——航天服

航天服是航天员的生命保障系统，也是航天员进行太空行走的生命屏障。航天服可以很好地保护航天员免受各种伤害，它能够经得起细小陨石和微尘的高速冲击而不会破损。在真空环境中，人体血液中含有的氮会变成气体，发生体积膨胀。如果人不穿加压气密的航天服，就会因体内外的压差悬殊而有生命危险。另外，航天服里还有供氧、通风等设备，还可以储存一定量的食物和水，而且有能容纳排泄物的马桶。

上面说的是用于航天员舱外活动的航天服，还有一种只能供航天员在飞船座舱内使用的航天服。如果飞船座舱内发生泄漏，航天员可以穿上舱内航天服，启动供氧、供气系统。另外，它还能提供一定的温度保障和通信功能，确保航天员在飞船发生故障时安全返回。

* 飞船在轨道飞行时，舱内的航天员一般不穿航天服。

135

特殊生活

89 航天员在太空中的

在太空中，人是失重[1]的，会像传说中的神仙那样飘浮在空中。航天员吃饭时最怕张开嘴巴，如果不小心，食品碎屑就会飘在空中，很不好清除。因此，早期的太空食品都做成糊状，如苹果酱、牛肉酱、菜泥和肉菜混合物等。现在的太空食品多采用易拉罐包装，以便加温。为防止开盖时食品飞走，在易拉盖下还通常加封一层塑料膜。

在太空中睡觉也是一件很特别的事，首先是黑白不分。这是因为航天员在天上绕地球航行，太空日出日落由航天器绕地球一圈的时间而定。因此，航天员无法按照地球上"日落而息"的习惯睡觉。对于航天员来说在太空中睡觉，睡姿是很随意的，因为在失重的情况下，他们可以躺着睡、站着睡，

---

1. 失重：更确切地说应该是"微重力"，它是指航天员围绕地球运行时所处的一种无重力状态。

还可以飘着睡。但为了避免睡着了以后飘来飘去，他们可以睡在睡袋里。

　　航天员在太空中也要刷牙，但他们刷牙可不是一件轻松的事。航天员在太空使用的牙刷是特制的，它没有刷柄，牙膏已经提前附在刷毛上，使用时要先把牙刷套在手指上，利用手指进行口腔清洁。航天员的牙膏是特制的，为了防止牙膏泡沫在空中乱飞，刷完牙后还要把牙膏咽进肚子里。长期待在太空中的航天员，同生活在地球上的人一样需要洗澡。在太空中洗澡既费时又费力，首先航天员要把脚固定在一个限制器上，防止洗澡时飘起来；然后要戴上面罩和眼罩，防止水珠吸入肺部或进入眼睛。

　　航天员在太空大小便很不方便，要把人固定在马桶上，不然很容易把粪便弄到空中去，那可就太糟糕了。不过还没有哪个航天员这么不小心。由于太空环境的影响，空间站内的大部分垃圾都是湿的，这会促使微生物和细菌的生长。为了保证航天员的身体健康，必须抑制细菌的繁殖，所以就要对垃圾进行真空干燥或冷冻储藏处理。

＊航天员的食物大多是膏状的，并且食品包装内没有流动的汤汁。
也有一些可以一口吃掉、不产生残渣的食物，就不必做成膏状了。

人类第一次进入太空

"东方号"是苏联最早的载人飞船系列，也是世界上第一批载人航天器。"东方号"载人航天工程始于 20 世纪 50 年代后期，在载人之前，共发射了 5 艘无人试验飞船。1957 年，苏联在太空中进行第一次动物试验，他们把一只名为"莱卡"的小狗送上了地球轨道。遗憾的是这只小狗最后因卫星没有返回系统，而永远留在了那里。这次试验证明哺乳动物在失重状态下也能生存。

1961 年 4 月 12 日，世界上第一艘载人飞船"东方 1 号"飞上太空。苏联航天员加加林乘飞船绕地飞行 108 分钟，于 10 时 55 分在预定地点安全降落，完成了世界上人类的首次太空飞行。从此，载人航天的时代来临了。

*为了纪念加加林，苏联将他的出生地改名为"加加林区"；把每年的 4 月 12 日定为航天节；国际航空联合会设立了"加加林金质奖章"；月球背面的一座环形山也以他的名字命名。

宇宙飞船第一次彻底接触月球

1959年9月14日，苏联发射的"月球2号"探测器在月球表面实现了硬着陆。飞船当时以每秒3.3千米的速度撞在了月球上，使月球的表面扬起了高达数百千米的尘埃云，并在那里留下了一个小小的陨石坑。

飞船第一次在月球上"软着陆"

1966年2月3日，苏联的"月球9号"探测器飞到月球上空的75千米处，释放了一个登月舱。这个登月舱在月球上工作了75个小时，拍摄了大量有价值的照片。

人类第一次登上月球

1969年7月16日，美国发射的"阿波罗11号"飞船载着3名航天员飞向了月球，飞船释放的载人登月舱于当月21日降落在月面上。航天员尼尔·阿姆斯特朗第一个走出飞船、踏上了月球。当时，他激动地说："这是个人迈出的一小步，但却是人类迈出的一大步。"

* 阿姆斯特朗跨出登月舱，将左脚踏到月球表面上，留下那著名的脚印，成为人类历史上登陆月球第一人。

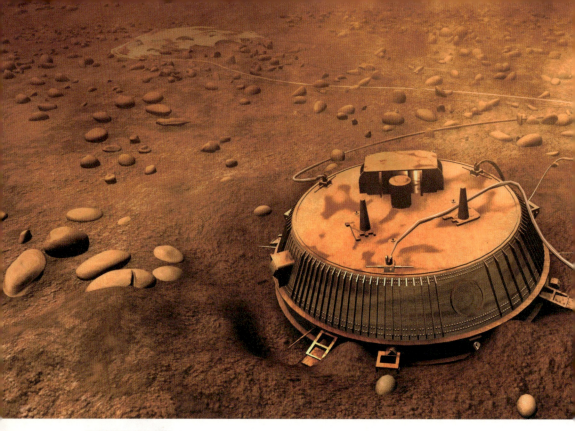

"卡西尼—惠更斯"计划

"卡西尼—惠更斯"计划是一个由美国国家航空航天局、欧洲航天局和意大利航天局三方合作的，对土星进行空间探测的科研项目。"卡西尼号"土星探测器由美国国家航空航天局负责建造，以意大利出生的法国天文学家"卡西尼"的名字命名；"惠更斯号"探测器以荷兰物理学家、天文学家、数学家惠更斯的名字命名，由法国阿尔卡特空间公司负责制造，属于欧洲航天局所有。

1997 年 10 月 15 日，搭载着"惠更斯号"的"卡西尼号"探测器离开地球，开始了漫长的土星探测之旅。

2004 年 7 月 1 日，在太空旅行了 7 年后，"卡西尼号"探测器进入土星轨道，正式开始了对土星的探测使命，对土星及其大气、光环、卫星和磁场进行深入考察。

2004 年 12 月 25 日，欧洲"惠更斯号"探测器脱离位于环土星轨道的美国"卡西尼号"探测器，飞向土星最大的一颗卫星——土卫六。

2005 年 1 月 14 日，"惠更斯号"抵达土卫六上空 1270 千米的目标位置，同时开启自身的降落程序，穿越土卫六的大气层，成功登陆土卫六。

2007 年 4 月，为了掌握更多有关土星及其卫星的资料，相关部门决定将"卡西尼—惠更斯"土星探测计划的任务期延长 2 年。

"卡西尼号"和"惠更斯号"经过多年的工作，传回了大量关于土星及其卫星的照片和数据，使科学家们有了许多新的发现，如：

1. 土星环拥有自己的大气层，其主要成分是氧气。

2. 土星上有"无线电波喷发"和"龙形风暴"。

3. 土星上的闪电强度要比地球高出几百万倍。

4. 太阳系最危险区域：土星的外侧光环 F 环正不断地遭受着小型天体的撞击。

5. 土卫六表面湖海中的液态碳氢化合物数量惊人，初步估算是地球上已探明石油和天然气储量的数百倍。

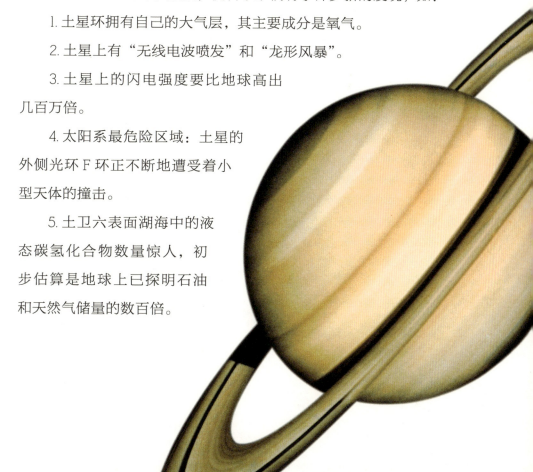

人类对火星的探测

20 世纪 60 年代，人类就开始利用航天器探测火星了。

1962 年：苏联"火星 1 号"探测器飞越火星的尝试失败。

1965 年：美国"水手 4 号"行星际探测器飞近火星，拍摄了 21 张照片。

1969 年：美国"水手 4 号"探测器发回 75 张照片。

1969 年：美国"水手 7 号"探测器发回 126 张照片。

1971 年：苏联"火星 3 号"探测器在火星着陆并发回照片。

1972 年：美国"水手 9 号"探测器沿着火星外层空间轨道飞行，发回 7329 张照片。

1974 年：苏联"火星 5 号"探测器沿着火星轨道飞行了数天。

1974 年：苏联"火星 6 号"和"火星 7 号"探测器在火星着陆，探测结果没有公布。

1976 年：美国"海盗 1 号"和"海盗 2 号"探测器在火星着陆。发回了 51539 张照片和大量的数据。

1989 年：苏联"福波斯 1 号"和"福波斯 2 号"探测器在前往火星的途中失踪。

1996 年："火星环球观测者"探测器发射升空，

并于 1997 年进入环火星轨道。

1998 年：美国发射"火星气候探测者"探测器。1999 年 9 月 23 日，探测器与地面失去联系。

1999 年：美国发射"火星极地着陆者"探测器。

2003 年 6 月 2 日：欧洲宇航局发射"火星快车"探测器。

2003 年 6 月 10 日：美国太空总署发射"火星探测漫游者—A"探测器。

2003 年 7 月 7 日：美国太空总署发射"火星探测漫游者—B"探测器。

2007 年 8 月：美国"凤凰号"火星着陆探测器升空。2008 年 5 月 25 日，"凤凰号"成功降落在火星北极附近区域。

2020 年 7 月 23 日：中国首个火星探测器"天问一号"成功发射。2021 年 5 月 22 日，"祝融号"火星车安全驶离着陆平台，到达火星表面，开始巡视探测。

*这是乘坐"神舟五号"飞船飞上太空的杨利伟。

中国『神舟』系列飞船的航天之旅

"神舟一号"是中国自主研制的第一艘"试验飞船"。1999年11月20日"神舟一号"飞船在酒泉卫星发射中心发射升空，经过21小时11分的太空飞行，"神舟一号"顺利返回地球——中国载人航天工程首次飞行试验取得圆满成功。

继"神舟一号"后，中国又陆续成功发射了"神舟"系列的"二号""三号""四号"无人飞船。"神舟四号"是中国载人航天工程第三艘正样无人飞船，除没有载人外，技术状态与载人飞船完全一致。它的成功标志着中国即将进入载人飞船时代。

2003年10月15日，中国独立研制的"神舟五号"载人飞船，在中国航天第一城酒泉卫星发射中心成功发射，进入预定轨道。飞船绕地球运行14圈后，在预定地区着陆。杨利伟成为第一位乘坐中国自己的飞船进入太空的中国人。

2005年10月12日上午，"神舟六号"发射成功。2005年10月17日凌晨4时33分，在经过115小时32分钟的太空飞行，完成中国真正意义上有人参与的空间科学实验后，"神舟六号"载人飞船返回舱在内蒙古顺利着陆。航天员费俊龙、

聂海胜安全返回。从"神舟五号"到"神舟六号"，名称虽只差一级，但却是从"一人"航天飞行到"多人"航天飞行的重大跨越，标志着中国在发展载人航天技术方面取得了又一个具有里程碑意义的重大胜利。

2008 年 9 月 25 日，"神舟七号"飞船载着翟志刚、刘伯明和景海鹏三名航天员，从酒泉卫星发射中心发射升空。9 月 27 日下午，"神舟七号"上的航天员翟志刚穿上中国自行研制的第一套舱外航天服，打开舱门，完成了太空行走。9 月 28 日，飞船成功在内蒙古四子王旗着陆。

2021 年 6 月 17 日，"神舟十二号"飞船将聂海胜、刘伯明、汤洪波 3 名航天员送入太空，在飞船发射 6.5 小时后，"神舟十二号"与天宫空间站的核心舱成功对接。随后，3 名航天员先后进入天和核心舱，这标志着中国人首次进入了自己的空间站。

中国的『双星计划』

中国"双星计划"全称"地球空间双星探测计划"，此计划中的主角是两颗以大椭圆轨道绕地球运行的小卫星。"探测一号"是赤道星，于2003年12月成功发射。"探测二号"是极轨星，于2004年7月成功发射。两颗卫星的构造与外形基本相同，但"探测二号"的功能稍微先进些。

这两颗卫星运行于之前国际上地球空间探测卫星尚未覆盖的重要活动区，相互配合。科学家们利用中国"双星"与欧空局"星簇计划"已发射的四颗卫星联合探测，在从太阳到地球的空间中，形成人类历史上第一个对地球空间的六点立体探测体系，研究地球磁层整体变化规律和爆发事件的机理。这些卫星观测结果由中国与欧洲共同享有。

实现『嫦娥奔月』的梦想

2004 年，中国正式开展月球探测工程，并命名为"嫦娥工程"。2007 年 10 月 24 日，"嫦娥一号"成功发射升空，在圆满完成各项使命后，于 2009 年按预定计划受控撞月，实现了"嫦娥奔月"的梦想。2010 年 10 月 1 日，"嫦娥二号"顺利发射，圆满并超额完成各项既定任务。"嫦娥三号"于 2013 年 12 月 2 日成功发射，它携带着中国第一艘月球车——玉兔，实现了中国首次月面软着陆。"嫦娥四号"于 2018 年 12 月 8 日发射升空，它是人类第一个着陆月球背面的探测器，实现了人类首次月球背面软着陆和巡视勘察，意义重大，影响深远。

2020 年 11 月 24 日，"嫦娥五号"成功发射，开启了中国首次地外天体采样返回之旅。12 月 1 日，"嫦娥五号"成功在月球正面预选着陆区着陆。12 月 17 日，"嫦娥五号"返回器携带 1731 克月球样品在内蒙古四子王旗预定区域安全着陆。

"嫦娥五号"的任务是中国航天迄今为止最复杂、难度最大的任务之一，实现了中国首次月球无人采样返回，助力了深化月球成因和演化历史等科学研究。中国的探月工程，为人类和平使用月球作出了新的贡献。

147

寻找地外生命

20世纪中后期，关于外星人降临地球的传闻随处皆是，有人甚至声称自己看见了外星人。历史发展到今天，人们对有无外星人的话题一直争论不休。但是谁也没有能证明"亲见"外星人的有力证据，所谓的外星人，都只活在电影和科幻小说里。

虽然没有找到外星人降临地球的证据，但科学家认为，某些星球上一定生活着像人类一样的智慧生命。事实上，科学家通过对落在地球上的一些陨石进行分析，发现太空中存在有机分子，这意味着生命诞生是有可能的。科学家们还提出了"宇宙绿岸公式"，企图通过数学推理的方法，计算出可能存在智慧生命星球的数量。我们知道，银河系中约有2000亿颗恒星，科学家利用绿岸公式计算出，银河系中可能存在高智慧生命的天体数为2484个。

为了寻找地外智慧生命，地球人做了许多努力。20世纪70年代，美国执行了著名的"奥兹玛计划"，即监听从遥远的恒星传来的电磁波，希望能听到外星文明的声音，但至少到

*"宇宙绿岸公式"指出，宇宙像无垠的沙漠，拥有生物的星球就像浩瀚沙漠中相互隔离的小片"绿洲"，"绿洲"的数量是由一系列因素的乘积求得的。

目前为止，什么也没听到。

1972 年 3 月和 1973 年 4 月，美国先后发射了"先驱者 10 号"和"先驱者 11 号"空间探测器，它们各自携带了一张"地球名片"飞向宇宙。"地球名片"其实是一张星际问候卡，由镀金铝板制成，可以保存几十亿年，上面刻着地球在太空中的位置，还绘有代表地球人类的男女图像。

1977 年 8 月和 9 月，美国先后发射了"旅行者 1 号"和"旅行者 2 号"空间探测器，它们各带着一张被称为"地球之音"的特别唱片驶向了太空。唱片可以保存 10 亿年，上面有我们精心制作的详细的"自我介绍"，包括115 张照片和图表，35 种大自然及人类活动的声音，27 首世界名曲，近 60 种语言的问候语。

图书在版编目（CIP）数据

你不可不知的宇宙探索百科 / 禹田编著 . —昆明：
晨光出版社，2022.3
ISBN 978-7-5715-1307-8

Ⅰ.①你… Ⅱ.①禹… Ⅲ.①宇宙 – 儿童读物 Ⅳ.
① P159-49

中国版本图书馆 CIP 数据核字（2021）第 225363 号

NI BUKE BUZHI DE YUZHOU TANSUO BAIKEI

你不可不知的宇宙探索百科

禹田 编著

出 版 人　杨旭恒

选题策划　禹田文化
项目统筹　孙淑婧
责任编辑　李　政　　常颖雯
项目编辑　吴永鑫
装帧设计　尾　巴
内文设计　王　锦

出　　版　云南出版集团　晨光出版社
地　　址　昆明市环城西路 609 号新闻出版大楼
邮　　编　650034
发行电话　（010）88356856　88356858
印　　刷　北京顶佳世纪印刷有限公司
经　　销　各地新华书店
版　　次　2022 年 3 月第 1 版
印　　次　2022 年 3 月第 1 次印刷
开　　本　170mm×250mm　16 开
印　　张　10
字　　数　46 千
Ｉ Ｓ Ｂ Ｎ　978-7-5715-1307-8
定　　价　28.00 元